U0199808

分子生物学实验技术

主　编　吕立夏　王　平　徐　磊
副主编　史秀娟　王　娟　高芙蓉　金彩霞
编　委（按照姓氏笔画排序）

王　平	同济大学医学院	王　娟	同济大学医学院
田海滨	同济大学医学院	史秀娟	同济大学医学院
吕立夏	同济大学医学院	刘彩莹	同济大学医学院
孙　婉	同济大学医学院	李　姣	同济大学医学院
李思光	同济大学医学院	杨　红	同济大学医学院
张　陈	同济大学医学院	张介平	同济大学医学院
陈云飞	同济大学医学院	金彩霞	同济大学医学院
徐　磊	同济大学医学院	高芙蓉	同济大学医学院

科学出版社
北京

内 容 简 介

分子生物学技术发展迅速，使得在分子水平解析生命现象、生命本质成为可能。本教材聚焦新近分子生物学技术进展编写而成。全书包括七章：第一章 CRISPR/Cas9 技术，包括基因编辑的概述、小向导 RNA（sgRNA）的克隆与鉴定；第二章基因转录调控分析，包括启动子分析、转录因子鉴定及表观遗传调控；第三章非编码 RNA 分析，涉及非编码 RNA 的生物信息分析及功能分析；第四章单细胞技术，简述单细胞技术的原理及其应用；第五章蛋白质-蛋白质相互作用分析，包括蛋白质-蛋白质相互作用（protein-protein interaction，PPI）数据库和常用的检测 PPI 的方法；第六章定点诱变与蛋白质翻译后修饰，重点介绍聚合酶链反应（PCR）介导的快速定点诱变、蛋白质小分子泛素相关修饰物蛋白（SUMO）化位点鉴定以及蛋白质泛素化的检测方法；第七章基本生物信息在线工具的使用，包括基因表达总览（Gene Expression Omnibus，GEO）、注释、可视化和整合发现数据库（Database for Annotation，Visualization and Integrated Discovery，DAVID）、细胞景观（cytoscape）、STRING 和 enrichr 等。

本书适合高等医学院校生物医学专业研究生及教师使用。

图书在版编目（CIP）数据

分子生物学实验技术/吕立夏，王平，徐磊主编 . —北京：科学出版社，2023.4

ISBN 978-7-03-074473-9

I.①分⋯ II.①吕⋯②王⋯③徐⋯ III.①分子生物学-实验 IV.① Q7-33

中国版本图书馆 CIP 数据核字（2022）第 252142 号

责任编辑：胡治国/责任校对：宁辉彩
责任印制：赵 博/封面设计：陈 敬

科 学 出 版 社 出版

北京东黄城根北街 16 号
邮政编码：100717
http://www.sciencep.com

北京天宇星印刷厂印刷
科学出版社发行 各地新华书店经销
*
2023 年 4 月第 一 版 开本：720×1000 1/16
2025 年 2 月第三次印刷 印张：9
字数：202 000

定价：59.80 元

（如有印装质量问题，我社负责调换）

前　言

双一流大学已跨入本科生"升学普及化"时代，而双一流建设 A 类高校的本科生是本校研究生教育的主要生源。因此，整体设计、协同推进、构建"本研一体化"人才培养体系尤为必要。"本研一体化"人才培养模式需要"本研一体化"的课程体系来支撑，而教材建设是课程的核心。

在同济大学医学本科生教材的基础上，我们聚焦新近分子生物学技术进展，包括基因编辑、非编码 RNA、CUT&Tag、单细胞测序、定点诱变等，编写了《分子生物学实验技术》。为了保证教材的系统性、完整性和实用性，对于蛋白质-蛋白质相互作用、蛋白质 SUMO 化位点的鉴定、蛋白质泛素化的体内和体外检测，以及在线的生物信息的基本数据库和分析工具也作了详细介绍。本教材的讲义已在本校研究生教学中使用 2 年，受到了学生的广泛认可。

本教材可作为生物医学专业本科生的科研拓展训练和研究生实验教材，也可供生物医学教师参考。本教材受同济大学研究生教育研究与改革项目资助（项目编号 2021JC24）。同时各编委均来自同济大学医学院生物化学与分子生物学系的一线教师，在此一并表示感谢。

由于编委学术水平有限，书中难免遗留不足之处，期待同行专家、使用本教材的广大师生和读者批评指正。

吕立夏　王　平　徐　磊

2022 年 10 月

目　　录

第一章　CRISPR/Cas9 技术

概　　述

一、CRISPR/Cas9 基因编辑概述

基因编辑是对生物体特定基因进行编辑修饰的一种技术。近年来，规律性重复短回文序列簇（clustered regularly interspaced short palindromic repeats，CRISPR）技术由于其简单高效、使用范围广泛而受到人们的高度重视。CRISPR/Cas 是细菌或古生菌用来抵御病毒或噬菌体侵袭而形成的获得性免疫反应系统。该系统是通过 CRISPR RNA（crRNA）为基础的 DNA 识别和 Cas 酶介导的 DNA 剪切来达到防御目的。

CRISPR 是一个特殊的 DNA 重复序列家族，广泛分布于细菌和古细菌基因组中。CRISPR 位点通常由短的高度保守的重复序列（repeats）组成，重复序列的长度通常为 21～48bp，重复序列之间被 26～72bp 间隔序列（spacers）隔开。CRISPR 就是通过这些间隔序列与靶基因进行识别的（图 1-1）。

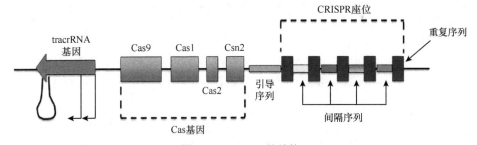

图 1-1　CRISPR 的结构

当噬菌体第一次感染宿主菌时，靶向性复合物与病毒 DNA 片段形成 Cas1-Cas2 复合物；Cas1-Cas2 复合物将病毒 DNA 片段插入宿主菌基因组 DNA 的 CRISPR 座位的第一个位点，外源 DNA 被 CAS 蛋白获取后作为间隔序列被插入到两个重复序列之间，形成宿主细胞对外来入侵物的记忆（图 1-2A）；当噬菌体再次感染宿主菌时，CRISPR 座位转录产生 crRNA-前体（pre-crRNA），tracrRNA 基因转录产生反式激活 crRNA（tracrRNA），tracrRNA 与 pre-crRNA 在 Cas9 作用下形成指导 RNA（guide RNA，gRNA）Cas9 复合物，gRNA-Cas9 复合物靶向病毒 DNA 并将其切割消化，造成 DNA 双链断裂（double strand break，DSB)(图 1-2B)。

经过改造的 CRISPR/Cas 系统含有两个元件：① Cas 酶，用于切断靶标 DNA；② 与靶标序列互补的指导 RNA（gRNA 或 sgRNA）。gRNA 是一段短的人工合成 RNA 序列，由一个 Cas 结合所需的支架序列（scaffold sequence）和一个 20 个核苷酸的间隔序列组成，该间隔序列决定了被修饰的基因组靶点。因此，只要简单地

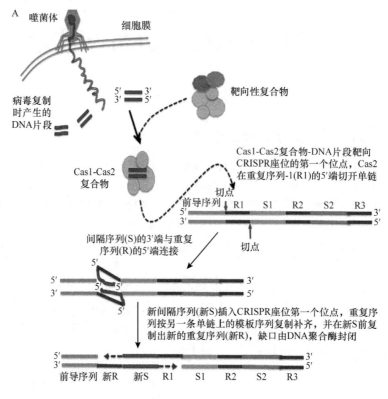

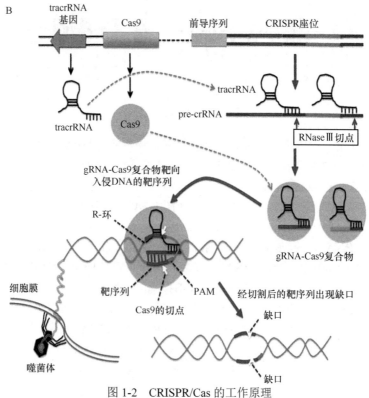

图 1-2　CRISPR/Cas 的工作原理

改变 gRNA 中的间隔序列，就可以改变 Cas 蛋白的切割位点。前间区序列邻近基序（protospacer adjacent motif，PAM）序列是 Cas9 的结合信号，对于化脓性链球菌 Cas9（S. pyogenes Cas9，SpCas9）来说，PAM 序列为 NGG。Cas9 和 gRNA 通过 gRNA 支架序列和 Cas9 表面暴露的带正电的沟槽相互作用形成核糖核蛋白复合物。Cas9 与 gRNA 结合时发生构象变化，从不活跃的非 DNA 结合构象转变为活跃的 DNA 结合构象，而 gRNA 的间隔序列仍然可以自由地与目标 DNA 相互作用。Cas9 只会在 gRNA 间隔序列与目标 DNA 有足够的同源性时才会切割一个给定的位点。一旦 Cas9-gRNA 复合物与假定的 DNA 靶标结合，种子序列（gRNA 靶标序列 3′ 端 8～10 个碱基）将开始与目标 DNA 结合。如果种子序列和目标 DNA 序列匹配，gRNA 将继续以 3′ → 5′ 的方向与目标 DNA 退火。因此，3′ 种子序列与目标序列之间的不匹配可完全终止对靶序列的切割，而 PAM 远端 5′ 端的不匹配通常仍然允许靶序列的切割。

Cas9 在和靶基因结合时，RuvC 和 HNH 核酸酶结构域经历第二次构象变化，以切割目标 DNA 链，HNH 核酸酶结构域剪切互补链，其 RuvC-like 结构域剪切非互补链。Cas9 介导的 DNA 裂解的最终结果是靶 DNA（PAM 序列上游 3～4 个核苷酸）出现 DSB。

DSB 主要通过同源修复（homology-directed recombination，HDR）和非同源末端连接（non-homologous end joining，NHEJ）进行修复。HDR 是一种高度保守的修复机制，能够以同源的序列为模板对 DSB 进行精确的修复。NHEJ 在进行修复的过程中，往往会引起碱基的插入或缺失，从而导致移码突变，因此 NHEJ 容易引起损伤处基因的突变或者缺失。在大多数情况下，NHEJ 在目标 DNA 中产生小的得失位（indel）又称插入缺失，导致氨基酸缺失、插入或移码突变，导致目标基因开放阅读框（open reading frame，ORF）内过早出现终止密码子。理想的最终结果是目标基因发生功能缺失突变。然而，对于一个给定的突变细胞，基因敲除的表型和效果必须通过实验来验证。

Cas 酶可通过质粒系统进行表达。以 S. pyogenes 的 CRISPR 系统（即化脓性链球菌 Cas9，SpCas9）为例，我们需要设计针对目标基因的含有 20 个碱基的 gRNA 序列。目前有很多网站都可以进行 gRNA 的设计，如齐磊（Lei Stanley Qi）实验室和汪小我（Xiaowo Wang）实验室的 http://crispr-era.stanford.edu/index.jsp 等。一旦在细胞中表达了 gRNA 和 Cas9 酶，那么这一复合物就能切断目标 DNA 双链。尽管细胞的 DNA 修复机制会试图修补片段，但是由于 NHEJ 的存在，最终往往会删除或添加一个或两个核苷酸，造成移码突变，从而阻止基因表达。

CRISPR 最初被用于敲除各种细胞类型和生物体中的靶基因，但对各种 Cas 酶的修饰扩展了 CRISPR 的应用。现在该技术还可以选择性地激活/抑制靶基因，在活细胞中进行 DNA 成像，精确编辑 DNA 和 RNA。此外，产生 gRNA 的简易性使 CRISPR 成为最广泛使用的基因组编辑技术之一。

SpCas9 的蛋白分子量大，且需富含 G 的 PAM 序列，限制了基因组中可用位点的数量。SaCas9 是从金黄色葡萄球菌中分离的微型 Cas9 核酸酶，比 SpCas9 小，可与 gRNA 一起构建到一个 AAV 载体上，称为 All-In-One 载体。SaCas9 的 PAM 序列长，增加了识别的特异性，降低了脱靶率。2015 年，张锋小组发现一种新的 CRISPR 核酸酶 Cpf1，Cpf1 可以识别富含 T 的 PAM 序列，显著扩大了基因组靶标的广度，而 Cas9 是富含 G 的基因组区域的首选核酸酶。目前 CRISPR 其他 Ⅱ 类酶如 SaCas9 或 Cpf1 被推荐作为 SpCas9 酶的替代物，提供基因组上额外的靶点。克莱因斯蒂弗（Kleinstiver）等对 Cpf1 和 Cas9 做比较，两种 Cpf1 核酶 AsCpf1 和 LbCpf1 在靶率低于 SpCas9，但是其特异性强于 SpCas9，AsCpf1 和 LbCpf1 对错配碱基的容忍度是 1~2 个，而 SpCas9 可以容忍 3~4 个。SpCas9、SaCas9 和 Cpf1 三种核酸酶的比较见表 1-1。

表 1-1 三种常用的 CRIPSR 核酸酶比较

	SpCas9	SaCas9	Cpf1
基因长度	4.1kb	3.3kb	3.8kb
PAM 序列	5′-NGG-3′	5′-NNGRRT-3′	5′-TTN-3′ 或 5′-TTTN-3′
酶切方式	平末端	平末端	5′ 黏性末端
切割位点	识别序列内	识别序列内	识别序列下游
需要的 RNA	tracrRNA+crRNA	tracrRNA+crRNA	crRNA 形成一个发夹结构招募 Cpf1 蛋白

二、CRISPR 突变系统

CRISPR 系统的脱靶效应备受关注。目前科学家开发了几种 CRISPR 的突变系统，以降低脱靶率，拓展 CRISPR 的应用，主要包括 Cas9 切口酶（Cas9 nickase）和 dCas 系统。

（一）Cas9 切口酶系统

Cas9 切口酶是 Cas9 的突变形式，功能由 Cas9 核酸内切酶转为切口酶（切单链 DNA，而不是靶位点的双链断裂）。RuvC1 和 HNH 两个核酸酶活性区域中失活一个核酸酶活性，利用 Cas9 切口酶进行基因编辑，需要两个 gRNA 而不是一个。两个 gRNA 设计在相反的 DNA 链上且紧密接近，间隔不超过 20bp，以确保酶切时产生 DNA 双链断裂，一旦 DNA 双链断裂，NHEJ 或 HDR 机制将被激活，完成基因编辑。

（二）失活 Cas 系统

失活 Cas（dCas）中 d 即 dead，意思是 Cas 的两个内切酶 RuvC1 和 HNH 的活性区域同时发生突变失活。dCas9 仅保留由 gRNA 引导进入特定的基因组区域。dCas9 主要与其他效应蛋白融合（如荧光蛋白、转录激活蛋白、转录抑制蛋白、组蛋白修饰酶等），进行基因表达调控及表观遗传等研究。

三、CRISPR/Cas9 的克隆及鉴定

CRISPR/Cas9 技术发展迅速，根据自己的实验选用合适的系统。一般来说，CRISPR/Cas9 实验流程如下：

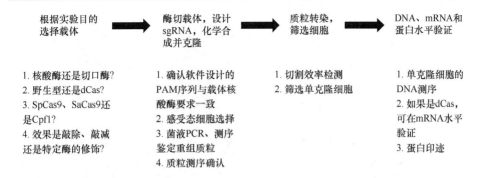

| 根据实验目的选择载体 | → | 酶切载体，设计sgRNA，化学合成并克隆 | → | 质粒转染，筛选细胞 | → | DNA、mRNA和蛋白水平验证 |

1. 核酸酶还是切口酶？
2. 野生型还是dCas？
3. SpCas9、SaCas9还是Cpf1？
4. 效果是敲除、敲减还是特定酶的修饰？

1. 确认软件设计的PAM序列与载体核酸酶要求一致
2. 感受态细胞选择
3. 菌液PCR、测序鉴定重组质粒
4. 质粒测序确认

1. 切割效率检测
2. 筛选单克隆细胞

1. 单克隆细胞的DNA测序
2. 如果是dCas，可在mRNA水平验证
3. 蛋白印迹

【参考文献】

周芮, 张辟. 2019. CRISPR/Cas9 技术在基因功能研究中的应用. 生物化工, 5 (1): 142-145, 148.

Ran F A, Hsu P D, Wright J, et al. 2013. Genome engineering using the CRISPR-Cas9 system. Nat Protoc, 8(11): 2281-2308.

Richter C, Chang J T, Fineran P C. 2012. Function and regulation of clustered regularly interspaced short palindromic repeats (CRISPR) / CRISPR associated (Cas) systems. Viruses, 4(10): 2291-2311.

（史秀娟 李思光）

实验 1-1 小向导 RNA（sgRNA）设计与载体构建

【实验目的】

1. 掌握 sgRNA 设计方法。

2. 掌握 DNA 酶切和连接基本技术。

【实验原理】

1. sgRNA 的设计 sgRNA 设计是影响实验成功与否的关键因素之一。sgRNA 决定了 Cas9 的靶向性和特异性。对于 SpCas9 来说，靶基因的 3′ 端必须含有 NGG 序列（PAM 序列），sgRNA 与 PAM 序列上游 20 个核苷酸序列互补配对，Cas9 核酸酶会在 PAM 序列 5′ 端大约 3bp 处对 DNA 双链进行切割（图 1-3）。本书中的所有相关实验方法均以 SpCas9 为例进行介绍。

对于含有多个转录物（又称转录本）的基因，为保证基因敲除效果，一般选择保守的编码序列（coding sequence，CDS）的第一外显子区域进行 sgRNA 设计。在进行 sgRNA 序列设计时，有以下几点需要注意：① sgRNA 长度一般为 20nt；② sgRNA 模板序列位于 PAM 序列前，GC 含量以 40%～60% 为佳；③尽量靠近基因编码区的起始密码子 ATG 下游；④尽量位于第一或第二外显子上。目前有很多优秀的在线设计网站，可以直接进行 sgRNA 的设计和选择。这里列举了 3 个在线设计网址，大家可根据个人喜好进行选择。

（1）齐磊（Lei Stanley Qi）和汪小我（Xiaowo Wang）实验室的 http://crispr-era.stanford. edu/index.jsp。

（2）https://www.genscript.com/gRNA-design-tool.html。

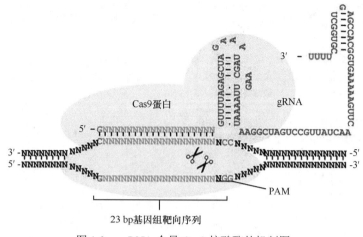

图 1-3   sgRNA 介导 Cas9 核酸酶的机制图

（3）http://www.e-crisp.org/E-CRISP/。

2. pSpCas9(BB)-2A-Puro(PX459) 载体   PX459 质粒是麻省理工学院张锋实验室针对 CRISPR 技术构建的应用于哺乳动物的质粒（http://n2t.net/addgene:48139）。该载体含有 Cas9 编码序列和 sgRNA 克隆的骨架结构，可同时进行 Cas9 核酸酶和 sgRNA 的表达。由于该质粒还含有嘌呤霉素（puromycin）和氨苄西林（氨苄青霉素，ampicillin）的抗性基因，可用于重组质粒的筛选。另外，PX459 质粒在 sgRNA 插入位点前端含有 U6 启动子，可通过该启动子通用引物序列 hU6-F 引物（5′-GAGGG CCTATTTCCCATGATT-3′）进行测序或聚合酶链反应（PCR），判断 sgRNA 序列是否成功插入到载体中。

3. 重组质粒的构建   不同来源的 DNA 分子可以通过磷酸二酯键连接而组合成新的 DNA 分子，这一过程称为 DNA 体外重组。通过体外重组，将目标 DNA 片段连接到质粒载体上，即为重组质粒的构建。

目前常用的获得 DNA 片段的方法包括体外人工合成、PCR 或逆转录 PCR（RT-PCR）。体外合成的方法相对简单直接，但对于较大片段的 DNA，合成的费用相对较 PCR 方法高。利用 PCR 技术可直接自基因组 DNA 扩增获得目的片段，但不适用于扩增含有内含子的真核细胞基因。获取真核细胞基因应首先将 mRNA 逆转录为互补 DNA（cDNA），再进行 PCR 扩增。在 PCR 引物设计时常可在引物末端添加特定的限制性内切酶识别序列，以利于后续的酶切和连接。

DNA 片段与载体可通过三种方式连接：黏端连接、平端连接和 T 载体连接。平端连接因连接效率低、载体易于回连等缺点限制了其应用。比较经典的方式是采用黏端连接定向克隆的方法。这种方法特异性好，成功率高。T 载体连接是针对 PCR 产物 3′ 端会添加 A 的特点，用商品化的 T 载体进行克隆。

与传统的基于限制性内切酶和 DNA 连接酶的克隆方法相比，新型体外重组克隆具有不依赖酶切位点和实现无痕克隆以及多片段同时组装的特点。使用任意方式将载体进行线性化，在插入片段正/反向扩增引物 5′ 端引入线性化载体的末端序列，使得 PCR 产物 5′ 和 3′ 端分别带有和线性化载体两末端一致的序列（15～20bp）。这种两端带有载体末端一致序列的 PCR 产物和线性化载体按一定比例混合后，在重组酶的催化下，50℃反应 5～15min 即可进行转化，完成定向克隆。该方法是非连接酶依赖体系，极大地降低了载体自连背景，且无须考虑插入片段自身携带的酶切位点。推荐登录诺唯赞官网下载引物设计软件 CE Design（http://www.vazymc.com），自动生成插入片段的扩增引物。若手动设计，可参照以下具体原则：

（1）插入片段正向扩增引物，设计方式为 5′-URS 序列（上游重组序列）+酶切位点（按需选择是否添加）+基因特异性正向扩增引物序列 -3′。

（2）插入片段反向扩增引物，设计方式为 5′-DRS 序列（下游重组序列）+酶切位点（按需选择是否添加）+基因特异性反向扩增引物序列 -3′。

本次实验使用的限制性内切酶为 *Bbs* I。将 PX459 质粒用 *Bbs* I 酶切之后，可以产生非互补黏性末端。为了能够将设计好的 sgRNA 序列连接至 PX459 载体上，在合成 sgRNA 序列时还需要在正向引物 5′ 端添加 CACCG-，反向引物 5′ 端添加 AAAC-。

连接反应是二级动力学反应，反应速度取决于载体片段与 sgRNA 产物片段的浓度。因此，适当增加二者的浓度有助于提高连接效率。由于载体与 sgRNA 的来源是有限的，增加浓度的最佳方式是降低连接反应的体积。另一个关键问题是载体与 sgRNA 之间的比例。载体浓度过高会导致大量无插入片段的原始载体导入宿主细胞，干扰重组了的筛选。因此，进行连接时 sgRNA 的拷贝数应数倍于载体。一般认为，载体与插入片段间的比例为 1∶（5～10）时效率最高。

【实验步骤】

1. 在线设计 sgRNA（以下 3 个网址可任选一个）

（1）http://crispr-era.stanford.edu/index.jsp。

第一步：选择对基因组进行操作的实验类型：Gene editing（基因编辑）、Gene repression（基因抑制）或 Gene activation（基因活化）。

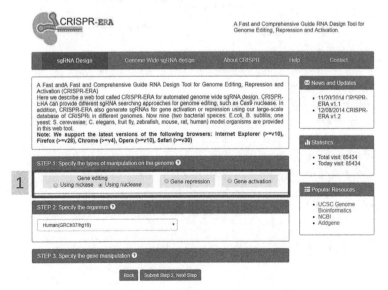

第二步：选择物种和添加基因名称。例如，要设计人的 GMFB 基因的 sgRNA，则物种选择"Human"，基因为"GMFB"。

第三步：对于 PX459 质粒，选择"Using U6 promoter"。

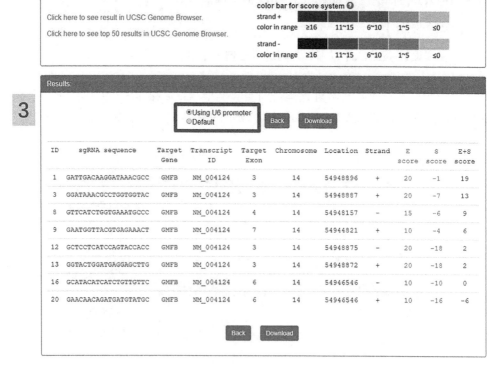

第四步：根据打分情况，可优先选择得分靠前的 sgRNA 序列。

（2）https://www.genscript.com/gRNA-design-tool.html。

第一步：打开 Ensembl 网站 http://asia.ensembl.org/index.html，输入物种和目标基因名称。

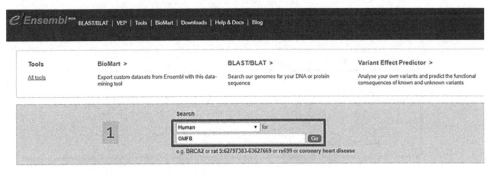

第二步：选择基因，选择转录本。

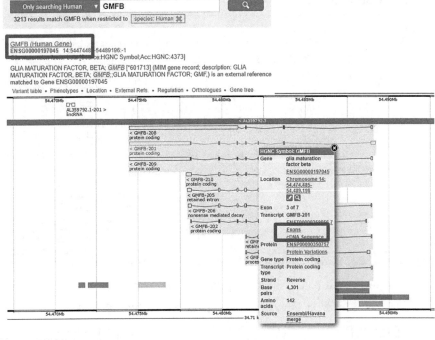

第三步：在 ATG 下游 100bp 左右选择一段 DNA 序列。

第四步：打开 sgRNA 设计网站 https://www.genscript.com/gRNA-design-tool.html，将上一步选好的序列输入。

第五步：下载结果。

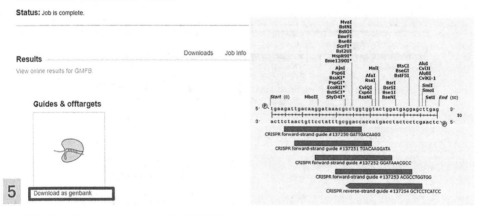

（3）http://www.e-crisp.org/E-CRISP/。

第一步：打开网址 http://www.e-crisp.org/E-CRISP/，选择物种，输入基因名称。

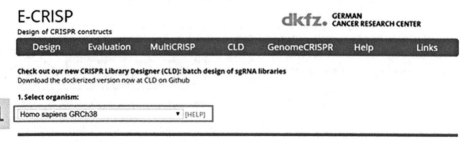

○ **Input is FASTA sequence**

> TP53

FASTA example | GeneSymbol example | Clear [HELP]

第二步：选择设计要求。

3. Start application:

○ relaxed
(any PAM (NAG/NGG...), any 5' base (A,C,G,T,...), off-targets need full length perfect match, introns are allowed)

2 ◉ medium
(any PAM (NAG/NGG...), any 5' base (A,C,G,T,...), off-targets tolerate mismatches, introns/CPG islands are excluded)

○ strict
(only NGG PAM, only G as 5' base, off-target tolerates many mismatches and ignores non-seed region, introns, purpose is knockout (only first 3 coding exons are allowed) and UTRs are excluded)

[Single design ▾] [Start sgRNA search] [Reset form] [Display advanced options]

第三步：获得 sgRNA 序列。

E-CRISP

Design of CRISPR constructs

dkfz. GERMAN CANCER RESEARCH CENTER

| Design | Evaluation | MultiCRISP | GenomeCRISPR | Help | Links |

[Download a tabular report for all query sequences together]
[Download a Excel formated tabular report for all query sequences together]
[Download a GFF-File for all query sequences together]

Query name: TP53 Query length: 26772 Query location: 17::7661779::7687550

Total number of possible designs = 938
Number of successful designs = 131

3 Number of designs that hit a specific target = 175
Number of designs excluded because they were located in an CpG island = 22
Number of designs excluded because they hit multiple targets or none = 38
Number of designs excluded because they did not hit any exon = 595
Number of designs excluded because their nucleotide composition was not within the given ranges = 35
Number of designs excluded because their nucleotide composition contained TTTT = 73
Number of designs excluded because the maximum of designs per exon was exceeded = 44

S: Specificity score A: Annotation score E: Efficiency score
for more information please see the Help pages

Name	Nucleotide sequence	SAE-Score	Target	Matchstring	Number of Hits
TP53_74_11896	GCTTGTAGATG GCCATGGCG NGG	S A E	ENSG000001415 10::TP53	[Matchstring Info]	1
TP53_72_11896	GCAGTCACAGC ACATGACGG NGG	S A E	ENSG000001415 10::TP53	[Matchstring Info]	1
TP53_73_11896	GTCCTGTGACT ...	S	ENSG000001415	Matchstring Info	

2. sgRNA 设计完成后针对引物做如下修改，并合成

（1）正向引物：CACCG-(N)20。（oligo1）

（2）反向引物：AAAC-(N)20RC。（oligo2）

注意：①确认 PAM 序列；②尽可能低的脱靶效应。

3. PX459 载体线性化　冰上，在 200μl PCR 管中依次加入以下成分：

PX459	1μg
FastDigest *Bbs* I	1μl
FastAP	1μl
10×FastDigest 缓冲液	2μl
ddH₂O 至	20μl

37℃酶切 30min。

4. 琼脂糖凝胶电泳检测酶切效果　制备 1% 琼脂糖凝胶：1g 琼脂糖溶解于 100ml 1×TAE 电泳缓冲液，微波炉中加热至熔化。稍等微温后，加入 10 000×核酸染料 5μl 作为显色剂，混合均匀并灌制琼脂糖凝胶板。取 20μl 线性化质粒，加入 4μl 6×加样缓冲液上样。150V 电泳 30min，至指示剂泳动至凝胶前缘时停止电泳。质粒酶切后由闭环变为线状，泳动速度减慢，在电泳时还应加入未经酶切的质粒作为对照。酶切后质粒为单一的线状条带。紫外灯下观察实验结果，将酶切质粒条带用刀片切下放置于 1.5ml EP 管（小型离心管）中。

5. 胶回收试剂盒回收线性化后的片段　具体操作参照试剂盒说明书。本实验使用天根生化科技（北京）有限公司的胶回收试剂盒（#DP209），实验操作如下：

（1）将单一的目的 DNA 条带从琼脂糖凝胶中切下（尽量切除多余部分）放入干净的离心管中，称取重量。

（2）向胶块中加入等体积凝胶溶解液，50℃水浴至胶块充分溶解。

（3）将上一步所得溶液加入到吸附柱中（吸附柱放入收集管中），室温放置 2min，12 000r/min 离心 30～60s，倒掉收集管中的废液，将吸附柱放入收集管中。

注意：若样品体积过多，可分批加入。

（4）向吸附柱中加入 600μl 漂洗液，12 000r/min 离心 30～60s，倒掉收集管中的废液，将吸附柱放入收集管中。

（5）重复操作步骤（4）。

（6）将吸附柱放回收集管中，12 000r/min 离心 2min，室温放置数分钟，彻底晾干，以防止残留的漂洗液影响下一步的实验。

（7）将吸附柱放到一个干净离心管中，向吸附膜中间位置悬空滴加适量洗脱缓冲液，室温放置 2min。12 000r/min 离心 2min 收集 DNA 溶液。

（8）DNA 浓度及纯度检测。回收得到的 DNA 片段可用紫外分光光度计检测浓度与纯度。

6. sgRNA 磷酸化修饰和退火　ddH₂O 重悬 sgRNA 到终浓度 100μmol/L，在 200μl PCR 管中依次加入以下成分：

oligo1（100μmol/L）	1μl
oligo2（100μmol/L）	1μl
10×T$_4$ Ligation 缓冲液	1μl
ddH$_2$O	6.5μl
T$_4$ 多核苷酸激酶	0.5μl
ddH$_2$O 至	10μl

37℃ 30min → 95℃ 5min → 25℃ 5min（−0.1℃/s）→ 4℃（在 PCR 仪内完成退火）。

7. DNA 连接 冰上，在 200μl PCR 管中分别加入如下成分：

Bbs I Digested PX459（100～500ng）	Xμl
上一步磷酸化和退火的引物	5μl
10×T$_4$ DNA 连接酶缓冲液	2μl
50% 聚乙二醇（PEG）4000 溶液	2μl
T$_4$ DNA 连接酶（2Weiss U/μl）	1μl
ddH$_2$O 至	20μl

混匀，22℃ 1h。

【注意事项】

1. 在进行 sgRNA 序列设计时，要确认 PAM 序列。

2. 设计完成后一定要针对引物添加接头，正向引物 CACCG-(N)20，反向引物 AAAC-(N)20RC。

【实验材料】

1. pSpCas9(BB)-2A-Puro (PX459)：（Addgene plasmid，#48139）。

2. sgRNA oligos：上海捷瑞生物工程有限公司合成。

3. FastDigest *Bbs* I 限制性内切酶（Thermo Scientific，#ER1011）。

4. 琼脂糖凝胶 DNA 回收试剂盒［天根生化科技（北京）有限公司，#DP209］。

5. 1×TAE 缓冲液：2mol/L Tris 碱，1mol/L 乙酸，100 mmol/L 乙二胺四乙酸（EDTA）。

6. T$_4$ DNA 连接酶（Thermo Scientific，#EL0016）。

7. T$_4$ 多核苷酸激酶（NEB，#M0201）。

8. FastAP 热敏感性碱性磷酸酶（Thermo Scientific，#EF0654）。

【思考题】

针对人的 *TP53* 基因，设计 3 对 sgRNA。

【参考文献】

格林 M R, 萨姆布鲁克 J. 2017. 分子克隆实验指南. 4 版. 北京: 科学出版社.

Ran FA, Hsu PD, Wright J, et al. 2013. Genome engineering using the CRISPR-Cas 9 system. Nat Protoc, 8(11): 2281-2308.

（史秀娟　李思光）

实验 1-2　重组质粒的转化和单克隆筛选鉴定

【实验目的】

1. 掌握质粒转化的原理和技术。

2. 掌握聚合酶链反应的原理和应用。

【实验原理】

1. 转化　高效率的连接反应还要辅之以高效率的转化，才能获得足够多的重组子。转化的过程就是质粒导入细菌的过程。感受态细胞在 $CaCl_2$ 低渗溶液中膨胀为球状。外源 DNA 分子在此条件下易吸附于细胞表面，经短时间的 42℃ 热处理，以促进细胞对 DNA 的吸收。然后将细菌接种于含相应抗生素的固体培养基上，含有重组子的感受态细菌具有抗药基因，可在含抗生素（如氨苄青霉素）的培养基上存活，形成单菌落。本实验载体的抗性基因为氨苄青霉素抗性。我们首先通过抗生素进行初步筛选，最终对重组克隆的确认通过序列测定。常用感受态细菌见表 1-2。

表 1-2　常用感受态细菌一览表

感受态种类	应用
DH5α	最常用的感受态细菌，转化效率高，可用于蓝白斑筛选
TOP10	常规使用的克隆感受态细胞，生长速度快，转化效率高，可用于蓝白斑筛选
JM109	提取高质量 DNA 的理想菌株，可用于构建克隆，蓝白斑筛选
TG1	生长速度最快，主要用于噬菌体展示，也可用于普通质粒构建
HB101	抑制长片段末端重复区的重组，降低错误重组的概率
Stbl3	慢病毒载体系统推荐使用的菌株

Stbl3 感受态细菌来自大肠埃希菌 HB101 菌株，可有效抑制长片段末端重复区的重组，降低错误重组的可能性，提高慢病毒载体或其他不稳定载体的克隆效率。但是，不含核酸酶 EndoA1 的突变，菌体核酸酶含量较高，在抽提质粒时务必使用去蛋白液，确保抽提质粒的稳定性。本实验的感受态细菌为 Stbl3。

2. 聚合酶链反应　聚合酶链反应（polymerase chain reaction，PCR）用于扩增位于两段已知序列之间的 DNA 片段。在 PCR 反应中，使用两段寡核苷酸作为引物，正常情况下这两段引物序列互不相同，并分别与模板 DNA 两条链上的一段序列互补。在 DNA 聚合酶的催化下，进行多轮扩增反应。PCR 反应包括三个阶段：①变性：指 95℃，双链 DNA 变性成单链。②退火：指 55～60℃，引物与单链 DNA 按碱基互补配对的原则结合，形成局部双链。③延伸：指在 72℃ 由 DNA 聚合酶催化，沿着 5′ → 3′ 方向合成互补链。PCR 反应除了在分子克隆领域广泛应用外，还可结合测序技术在临床上用于遗传性疾病的诊断。菌落 PCR（colony PCR）是直接以菌体热解后暴露的 DNA 为模板进行 PCR 扩增。可不必提取目的基因 DNA，不必酶切鉴定，省时省力省钱，广泛用于阳性克隆的筛选和鉴定。

为确认质粒是否构建成功，除了菌落 PCR 外还需对质粒进行测序。测序一般由公司完成。本实验采用的测序反应引物为含有 U6 启动子的质粒测序通用引物，与载体多克隆位点附近的序列互补，且 3′ 端向着插入序列方向。因此，所得扩增片段正好包括插入序列，通过对测序结果进行比对和分析，可确定 sgRNA 序列是否成功插入到载体上。

【实验步骤】

1. 转化

（1）冰上解冻 Stbl3 感受态细菌，溶解后轻柔地混匀菌液。

（2）加入 10μl 用于转化的 DNA 至 100μl 感受态细菌中，混匀后冰中放置 30min。

分组	感受态菌液	质粒
实验组	100μl	连接反应液 10μl
阳性对照组	100μl	空质粒 1μl
阴性对照组	100μl	无

在首次进行转化反应时，设立对照组是必要的。由于实验组的转化结果受到连接效率与转化效率的双重影响，如果转化实验失败，则难以判断原因。阳性对照组可鉴定转化效率。阴性对照组可防止受体菌出现抗性污染。

（3）42℃ 水浴 45s，迅速移入冰中放置 2min。

（4）加入 800μl 卢里亚 - 贝尔塔尼（LB）培养基（不含抗生素），30℃，225r/min 振荡培养 1h。

（5）5000r/min 离心 1min，保留约 100μl 上清液，轻柔吹打，使细菌沉淀悬浮，涂布于含有氨苄青霉素（Amp）的 LB 固体培养基平板，30℃ 正置培养 30min，然后倒置培养过夜。

（6）随机挑取单克隆接种于 3ml LB 液体培养基中（Amp 终浓度为 100μg/ml），37℃ 振荡培养过夜。其中，1ml 用于菌落 PCR 和测序鉴定，剩余菌液用于质粒抽提。

2. 菌落 PCR

为了鉴定单克隆菌液中是否含有插入的 sgRNA 片段，我们分别以 gRNA 的正向引物与 PX459-Rv（sgRNA 插入部位为下游质粒序列：AGC-CATTTGTCTGCAGAATTGG）组合；gRNA 的反向引物与 U6 启动子的正向引物 LKO.1 5′-FW［GACTATCATATGCTTACCGT，来自温伯格实验室（Weinberg Lab）］组合，分别作为上下游引物进行 PCR 反应，反应产物分别为 96bp 和 162bp（图 1-4）。

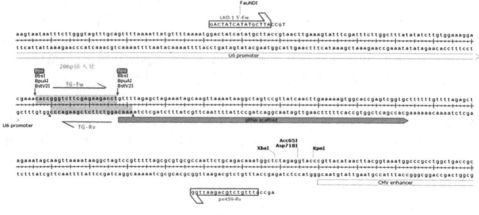

图 1-4　菌落 PCR 引物设计

PCR 反应体系如下：

菌液模板	1μl
上游引物（10μmol/L）	1μl
下游引物（10μmol/L）	1μl
2×PCR 混合液	10μl
ddH₂O 至	20μl

PCR 程序：先 94℃ 5min，然后 94℃ 30s—58℃ 30s—72℃ 30s，共 35 个循环。PCR 结束后，制备 1.5% 琼脂糖凝胶，电泳检测 PCR 产物，选取正确条带对应的菌液，取 1ml 送公司测序，剩余菌液进行质粒抽提。

【注意事项】

1. 菌落 PCR 实验中，每个模板均需用两对引物分别进行反应。

2. 转化实验所用的感受态细胞最好不要用其他感受态细胞代替。

【实验材料】

1. LB/Amp 筛选平板（含终浓度为 100μg/ml 的 Amp）。

LB 固体培养基：氯化钠 0.5g，胰蛋白胨 1g，酵母提取物 0.5g，琼脂 1.5g，加水至 100ml，高压灭菌，在培养基尚未凝固时加入 Amp，轻轻混匀，铺板备用。

2. LB 液体培养基（Amp⁻）：胰蛋白胨 10g，酵母提取物 5g，NaCl 10g，用 NaOH 调 pH 至 7.0，定容至 1L，高压灭菌。

3. Stbl3 感受态细菌（上海昂羽生物技术有限公司，#G6009）。

4. 2×PCR 混合液 [天根生化科技（北京）有限公司，#KT207]。

【思考题】

1. 质粒转化的原理是什么？

2. 如何确定 PCR 反应的退火温度？

（史秀娟）

实验 1-3　重组质粒抽提和鉴定

【实验目的】

1. 掌握质粒抽提的原理和方法。

2. 掌握测序的原理。

【实验原理】

质粒抽提原理：细菌质粒是一类双链闭环的小分子 DNA，独立于细菌染色体之外，能够进行自我复制。宿主染色体 DNA 与质粒 DNA 之间有两种主要区别：①染色体 DNA 分子比质粒 DNA 分子大得多；②质粒 DNA 为共价闭合环状结构。宿主染色体 DNA 虽然也是环状分子，但分子庞大，在抽提过程中不可避免地断裂成为线状。

DNA 的分离是 DNA 纯化和克隆的关键步骤。DNA 制备得越纯，DNA 作为模板或底物的酶反应效率就会越高。纯化的质粒 DNA 有三种存在形式：①共价闭环 DNA，即超螺旋形式；②开环 DNA，即质粒 DNA 的两条链中有一条发生一处或多处断裂；③线状 DNA，即质粒 DNA 的两条链在同一处断裂。在电泳时，超螺旋构象泳动最快，开环构象泳动最慢，线状则居于二者之间。DNA 的分离通常有 3 个步骤：①利用去垢剂［如十二烷基硫酸钠（SDS）］、碱（如 NaOH）或离液剂（如胍盐）裂解宿主细胞；②从细胞中释放 DNA，去除与 DNA 结合的蛋白质，并使胞内核酸酶失活；③沉淀 DNA 并去除盐离子。本实验采用碱裂解法抽提质粒，并利用吸附层析进一步纯化，最后通过琼脂糖凝胶电泳检测。

【实验步骤】

1. 质粒抽提　具体操作参照相应试剂盒说明书。

（1）取 1.5ml 过夜培养物，加入 1.5ml 离心管中，3000r/min 离心 10min，弃上清液。

（2）细菌沉淀以 250μl 溶液 I 充分重悬，旋涡振荡混匀，静置 5min。溶液 I 为低渗溶液，含 50mmol/L 葡萄糖、三羟甲基氨基甲烷盐酸（Tris-HCl）25mmol/L（pH 8.0）和 10mmol/L 乙二胺四乙酸（EDTA-Na$_2$）。由于细菌有细胞壁，因此不会破裂。在溶液 I 中加入核糖核酸酶 A（RNase A）可有效降解 RNA。葡萄糖保证悬浮后的大肠埃希菌不会快速沉积到管子的底部。EDTA 是 Ca^{2+} 和 Mg^{2+} 等二价金属离子的螯合剂，其主要作用是抑制 DNA 酶（DNase）的活性和抑制微生物生长。

（3）加入新鲜配制的溶液 II 250μl 并轻微颠倒混匀。溶液 II 含 NaOH 和十二烷基硫酸钠（SDS）。破细胞主要靠 NaOH。SDS 也具有强烈的破细胞作用，加入后细菌全部裂解，菌液由混浊变为澄清，此时基因组 DNA 释放，导致溶液黏度增加。在进行混匀时不可振荡，以免基因组 DNA 断裂，对质粒的纯化造成污染。

（4）加入溶液Ⅲ 350μl 并轻微摇动，15 000r/min 离心 10min。溶液Ⅲ为酸性乙酸钾。加入溶液Ⅲ后就会有大量沉淀，这是因为 SDS 遇到 K$^+$后变成了十二烷基硫酸钾（potassium dodecyl sulfate，PDS），PDS 将绝大部分蛋白质沉淀，大肠埃希菌的基因组 DNA 也一起被共沉淀。酸性乙酸钾的加入是为了中和 NaOH，因为长时间的碱性条件会断裂 DNA，基因组 DNA 一旦发生断裂，只要是 50～100kb 大小的片段，就无法再被 PDS 共沉淀。因此，碱处理的时间要短，动作要柔和，以免基因组 DNA 混入，质粒 DNA 由于乙酸钾的加入发生可逆的复性，存在于上清液中，而基因组 DNA 则与蛋白质存在于絮状沉淀中。

（5）取层析柱放入套管中，取步骤（4）上清液 0.6ml 加入层析柱，10 000r/min 离心 2min。

（6）弃流出液，加入漂洗液 750μl，3000r/min 离心 2min，清除盐分。

（7）重复步骤（6）。

（8）弃流出液，10 000r/min 离心 2min，去除层析柱中的残留溶液。

（9）换新套管，层析柱中加入洗脱液或 ddH$_2$O 50μl，静置 1min。

（10）10 000r/min 离心 2min，收集流出液。

（11）用 NanoDrop 微量分光光度计测定浓度。

2. 1% 琼脂糖凝胶电泳检测质粒。

【注意事项】

为了能够成功地将质粒从层析柱中洗脱下来，用洗脱液或 ddH$_2$O 进行质粒洗脱时，注意将洗脱液滴在层析柱底部中央位置。

【实验材料】

1. LB 液体培养基（Amp$^-$）：胰蛋白胨 10g，酵母提取物 5g，NaCl 10g，NaOH 调 pH 至 7.0，定容至 1L，高压灭菌。

2. 质粒抽提试剂盒［天根生化科技（北京）有限公司，#DP103］。

3. 氨苄青霉素钠［生工生物工程（上海）有限公司，#A100339］。

4. 50×TAE 缓冲液［生工生物工程（上海）有限公司，#B548101］。

5. 加样缓冲液：40% 蔗糖，0.25% 溴酚蓝。

【思考题】

在进行质粒浓度测定时，OD_{260}/OD_{280} 和 OD_{260}/OD_{230} 分别代表什么？

（史秀娟）

实验 1-4　细胞转染及阳性克隆鉴定

【实验目的】

1. 掌握外源基因导入真核细胞的方法。

2. 掌握真核细胞阳性克隆筛选的方法。

【实验原理】

转染（transfection）是真核细胞主动摄取或者被动导入外源 DNA 片段而获得新的表型的过程。将外源基因导入真核细胞的方法大致可以分为两大类：生物学方法和物理化学方法。物理化学方法中最常用的有磷酸钙沉淀法、二乙氨乙基葡聚糖（DEAE-葡聚糖）凝胶介导的转染法、脂质体介导的转染法、电穿孔法、细胞核显微注射法等。生物学方法主要是把病毒作为外源 DNA 的导入工具，通过病毒感染将外源 DNA 导入真核细胞中。病毒介导的基因转染具有较高的转染效率，并能在一定的条件下实现对特定细胞的靶向性。

细胞转染后阳性克隆筛选可根据转染的重组质粒的特点进行。对于带有荧光报告基因如绿色荧光蛋白（green fluorescent protein，GFP）的质粒，可以根据其表达的荧光情况通过流式细胞仪进行分选和富集。有些质粒不含有荧光报告基因，但含有抗性筛选基因表达元件，如嘌呤霉素，则可通过向细胞培养基中添加相应的抗生素来进行筛选。PX459 质粒携带有嘌呤霉素筛选基因，在进行细胞转染后可以通过加入嘌呤霉素来进行阳性克隆的筛选。但是，无论哪种筛选方法得到的仍是多个克隆的混合物，因此需要进一步挑取单克隆鉴定。通过药物筛选细胞，后续培养可以撤去药物（如果培养超过十天，或者新复苏的细胞，建议重新加药筛选一次）。常见的真核细胞抗性筛选标记见表 1-3，如果不确定目的细胞的合适抗性浓度，则需设置不同的浓度梯度，一般采用 1 周内杀死细胞的最小剂量，嘌呤霉素毒性大，通常筛选时间不超过 4 天。

表 1-3　常用真核细胞的抗性应用

真核抗性筛选标记	筛选周期	工作浓度
嘌呤霉素（puromycin）	1～4 天	1～10μg/ml
潮霉素 B（hygromycin B）	5～7 天	50～500μg/ml
杀稻瘟素（blasticidin）	3～7 天	2～10μg/ml
遗传霉素（G418）	7～14 天	100～800μg/ml

【实验步骤】

1. 细胞转染和克隆筛选（采用脂质体 lipo2000 转染）

（1）铺细胞：转染前一天铺细胞，使其第二天汇合率达到 70%～80%。

（2）铺细胞 24h 后，吸去细胞培养液，加入新鲜培养液（不含抗生素）。

（3）取两个无菌 1.5ml 离心管，分别记为 A、B。按表 1-4，根据培养皿不同配制转染混合物：

表 1-4 脂质体法转染真核细胞

多孔板	面积	细胞/孔	培养基	A管		B管	
				Opti-MEM*	DNA	Opti-MEM	lipo2000
96 孔	0.3cm²	(2~3)×10⁴	100μl	25μl	0.2μg	25μl	0.5μl
24 孔	2cm²	(1~2)×10⁵	500μl	50μl	0.8μg	50μl	2μl
12 孔	4cm²	(2~4)×10⁵	1ml	100μl	1.6μg	100μl	4μl
6 孔	10cm²	(0.5~1)×10⁶	2ml	250μl	4μg	250μl	10μl

*减血清培养基

（4）分别将 A、B 管混匀，室温孵育 5min。

（5）孵育后，将 B 管溶液逐滴加入到 A 管中，混匀后室温孵育 20min。

（6）将混合液加入培养孔中，边加边立刻轻柔混匀培养基。

（7）继续培养 24h 后更换含有 1~3μg/ml 嘌呤霉素的完全培养基。

（8）48~72h 后收集细胞用于基因编辑效率检测（见本章实验 1-5）或继续进行下面的操作。

（9）48~72h 后消化细胞，调整细胞浓度为 5 个/ml，接种于 96 孔板。

（10）显微镜下观察，确保每个孔最多有一个细胞，继续培养 2~3 周直到单个克隆细胞汇合率达到 60% 以上。

（11）消化单克隆细胞，一部分用于保种和继续扩增，剩余部分用于基因组 DNA 提取和克隆鉴定。

2. 基因组 DNA 提取 本次实验采用天根生化科技（北京）有限公司的基因组提取试剂盒（#DP304），实验操作步骤如下：

（1）将细胞消化后制成细胞悬液，10 000r/min 离心 1min，弃上清液。加入 200μl 缓冲液 A（含 100mg/ml RNase A）振荡 15s，室温放置 5min。

（2）加入 20μl 蛋白酶 K 溶液，混匀。

（3）加入 200μl 溶液 B，充分颠倒混匀，70℃放置 10min。

（4）加入 200μl 无水乙醇，充分振荡混匀 15s。

（5）将上一步所得溶液和絮状沉淀都加入一个吸附柱中（吸附柱放入收集管中），12 000r/min 离心 30s，倒掉废液，将吸附柱放回收集管中。

（6）向吸附柱中加入 600μl 漂洗液，12 000r/min 离心 30s，倒掉废液，将吸附柱放入收集管中。

（7）重复操作步骤（6）。

（8）将吸附柱放回收集管中，12 000r/min 离心 2min，倒掉废液，将吸附柱置于室温放置数分钟。

（9）将吸附柱转入一个干净的离心管中，向吸附膜的中间部位悬空滴加 50~200μl 洗脱缓冲液，室温放置 2~5min，12 000r/min 离心 2min，将溶液收集到离心管中。

3. PCR 反应和测序　　在 sgRNA 靶点部位附近设计引物，以基因组 DNA 为模板，进行高保真 PCR 反应，将 PCR 产物送公司测序，鉴定目标基因是否成功产生插入或缺失等突变。

【注意事项】

1. 转染的质粒尽量为试剂盒提取的质粒。

2. 细胞密度应适中，太稀则不能耐受转染，表现为细胞易死；太密则会影响转染效率。

3. 转染的最佳 DNA 量应通过预实验确定。

4. 转染时需设定空载体转染组作为对照组。

【实验材料】

1. 细胞培养：HEK293 细胞（中国科学院细胞库），高糖杜尔贝科改良伊格尔培养基（DMEM）（Sigma，#D6429），0.25% 胰酶（碧云天生物技术有限公司，#C0204），100×青链霉素混合液（碧云天生物技术有限公司，#C0222）。杜氏磷酸盐缓冲液（D-PBS）（碧云天生物技术有限公司，#C0221D）。胎牛血清（Thermo Scientific，#10099）。CO_2 培养箱等。

2. 脂质体 2000（Lipofectamine 2000）（Thermo Scientific，#L3000015）。

3. 嘌呤霉素（Thermo Scientific，#A1113803）。

4. 基因组 DNA 提取检测试剂盒 [天根生化科技（北京）有限公司，#DP304]。

【思考题】

1. 如何确定转染效率？

2. 脂质体转染的原理是什么？

（史秀娟）

实验 1-5　基因编辑效率检测

【实验目的】

1. 掌握基因编辑效率检测方法。

2. 掌握核酸内切酶（Surveyor 核酸酶）酶切原理。

【实验原理】

CRISPR/Cas9 系统可以对基因组靶序列进行剪切，从而产生 DNA 双链断裂。在进行非同源末端连接（non-homologous end joining，NHEJ）修复的过程中，往往会引起碱基的插入或缺失，从而导致移码突变，因此 NHEJ 容易引起损伤处基因的突变或者缺失。以混合克隆的基因组为靶点通过 PCR 将靶点位置及其附近的基因组进行扩增（一般扩增靶点上下游各 200～400bp 片段），经过变性退火过程，则会形成异源双链。发生突变或缺失的部位会产生错配，而没有发生突变的部位则仍可形成完全互补的完整双链。特异性核酸内切酶（如 T7 核酸内切酶 Ⅰ 或 Surveyor 酶）能够检测并切开错配的 DNA 序列，在琼脂糖凝胶电泳上表现出不同的条带特征。

【实验步骤】

1. 基因组 DNA 提取　见实验 1-4。

2. PCR 反应　设计针对基因组中包含靶点的引物，以基因组 DNA 为模板，进行 PCR 反应：

2×PCR 混合液	25μl
DNA 模板	1μl
引物混合物（10μmol/L）	2μl
ddH₂O 至	50μl

PCR 扩增程序为：先 95℃ 5min，然后 95℃ 30s—60℃ 30s—72℃ 40s，共 35 个循环，取 5μl PCR 产物，用 1% 琼脂糖凝胶电泳检测 PCR 产物条带特异性。

3. PCR 产物纯化　本次实验使用的是天根生化科技（北京）有限公司的普通 DNA 产物纯化试剂盒（#DP204），实验操作如下：

（1）柱平衡。

（2）向 PCR 反应液加入 5 倍体积的结合液，充分混匀。

（3）将上一步所得溶液加入一个吸附柱中（吸附柱放入收集管中），室温放置 2min，12 000r/min 离心 60s，倒掉收集管中的废液，将吸附柱重新放入收集管中。

（4）向吸附柱中加入 600μl 漂洗液，12 000r/min 离心 60s，倒掉收集管中的废液。

（5）重复操作步骤（4）。

（6）将吸附柱放回收集管中，12 000r/min 离心 2min，尽量除去漂洗液。将吸附柱置于室温放置数分钟，彻底晾干，以防止残留的漂洗液影响下一步的实验。

（7）将吸附柱放入一个干净的 EP 管中，向吸附膜中间位置悬空滴加 30～50μl ddH₂O，室温放置 2min。12 000r/min 离心 2min 收集 DNA 溶液。

（8）用 NanoDrop 微量分光光度计测定浓度，并用 ddH₂O 稀释至 20ng/μl。

4. 退火和 Surveyor 酶酶切

（1）取消毒的 0.2ml 微量离心管，加入下列成分并混匀。

10×*Taq* PCR 缓冲液	2μl
纯化的 PCR 产物	18μl

（2）在 PCR 仪上，按以下程序进行退火反应：95℃ 5min → 95～85℃ 梯度降温（2℃/s）→ 85～4℃ 梯度降温（0.1℃/s），4℃ 保存。

（3）在冰上准备 Surveyor 核酸酶酶切反应，42℃ 30min。

退火产物	20μl
0.15mol/L MgCl₂	2.5μl
Surveyor 核酸酶 S	1μl
Surveyor 增强剂 S	1μl
ddH₂O 至	25μl

5. 反应结束后，将上述反应产物进行 2% 琼脂糖凝胶电泳检测。

6. 对电泳条带进行灰度分析，按照下面公式计算基因编辑效率：

$$基因编辑效率（\%）=100×[1-(1-f_{cut})^{1/2}]$$

其中，f_{cut}= 酶切产物片段灰度/(未被酶切的产物灰度+酶切产物灰度)。

【注意事项】

1. 进行 PCR 反应时，尽量使用高保真 DNA 聚合酶。

2. 引物长度控制在 18～25nt，且解链温度（T_m）在 60℃左右，并尽量避免引物二聚体的生成。

3. 为保证实验结果的准确性，需设立阴性对照（如未转染组或转染空质粒组）。

【实验材料】

1. 基因组 DNA 提取检测试剂盒［天根生化科技（北京）有限公司，#DP304］。

2. 超强高保真 PCR 试剂盒［天根生化科技（北京）有限公司，#KP203］。

3. 普通 DNA 产物纯化试剂盒［天根生化科技（北京）有限公司，#DP204］。

4. Surveyor 核酸酶（Integrated DNA Technologies，#706025）。

5. 50×TAE 缓冲液［生工生物工程（上海）有限公司，#B548101］。

6. 上样缓冲液：40% 蔗糖，0.25% 溴酚蓝。

【思考题】

在用 Surveyor 核酸酶检测基因编辑效率时，设立阴性对照的原因是什么？

【参考文献】

Guschin DY, Waite AJ, Katibah GE, et al. 2010. A rapid and general assay for monitoring endogenous gene modification. Methods Mol Biol, 649: 247-256.

Ran F A, Hsu P D, Wright J. et al. 2013. Genome engineering using the CRISPR-Cas9 system. Nat Protoc, 8(11): 2281-2308.

Skvarova Kramarzova K, Osborn MJ, Webber BR, et al. 2017. CRISPR/Cas9-mediated correction of the FANCD1 gene in primary patient cells. Int J Mol Sci, 18(6): 1269.

（史秀娟）

实验 1-6　逆转录定量 PCR（RT-qPCR）检测目标基因表达

【实验目的】

1. 掌握 RNA 抽提纯化的基本原理和技术。

2. 掌握逆转录的基本原理与方法。

3. 掌握 RT-qPCR 的基本原理与方法。

【实验原理】

1. CRISPR/Cas9 介导的编码基因敲除（knockout，KO） 原理是细胞利用 NHEJ 修复 Cas9 剪切引起的双链断裂（DBS）。NHEJ 修复会在 DSB 位点随机引入碱基的得失位（indel）。如果这些 indel 不是 3 的倍数，就会导致后续的开放阅读框（ORF）发生移码，这种移码往往会产生提前终止密码子（premature termination codon，PTC），导致蛋白功能的丧失，从而达到 KO 效果。Cas9 介导的 KO 影响的是蛋白的翻译过程，而对 mRNA 的表达水平没有影响。用定量聚合酶链反应（qPCR）来检测目的基因的 KO 效果不可行，但在具体的实验中，确实能够检测到部分 KO 细胞株 mRNA 表达明显下调，可能的机制与无义介导的 mRNA 的衰变（nonsense-mediated mRNA decay，NMD）和无终止密码子导致的 mRNA 衰变（no-stop decay，NSD）有关。NMD 是指当核糖体遇到 PTC 发生翻译提前终止时，一系列与 NMD 相关的蛋白，如 Upf、Smg 将结合翻译复合物，随后降解 mRNA。NSD 是指在 CRIPSR/Cas9 KO 系统中，如果发生移码后，一直没有碰到终止密码子，核糖体将翻译到 mRNA 的 3′ 端，而这就会激活 NSD，降解 mRNA。如果采用 dCas 系统，可用逆转录定量 PCR 检测靶基因表达的变化。

2. RNA 抽提的原理和质量检测 RNA 是极易降解的核酸分子，这主要是因为 RNA 酶分布广、活性强且难以失活，痕量的 RNA 酶就能够造成严重的 RNA 降解。焦碳酸二乙酯（diethyl pyrocarbonate，DEPC）是消除外源性 RNA 酶的主要方法。异硫氰酸胍是一种蛋白变性剂，是抑制样品来源（内源性）RNA 酶活性的主要方法。

抽提 RNA 最常用的方法是酸性酚法。在酸性条件下，DNA 存在于苯酚有机相，RNA 存在于水相，同时酚又是蛋白变性剂，经过氯仿萃取后，DNA 和蛋白在有机相，RNA 在上层无机相。利用酸性酚试剂与氯仿的抽提，可一步完成细胞的裂解以及蛋白质/DNA 与 RNA 的分离。最后，利用异丙醇沉淀，即可获得纯化的总 RNA。

提取的 RNA 的纯度和质量可通过紫外分光光度法和电泳法进行检测。用分光光度法进行比色时，其 OD_{260}/OD_{280} 应处于 1.8～2.0。RNA 的完整性可通过电泳检测。通过甲醛变性琼脂糖凝胶电泳，在电泳时可观察到 18S 与 28S rRNA 的条带。如果两条带清晰，且亮度之比接近 1：2，则表明 RNA 没有发生降解。由于甲醛变性琼脂糖凝胶电泳所用试剂毒性较大，如果仅仅是为了检测 RNA 的完整性，也可用普通中性凝胶电泳来代替，但配制凝胶的过程需要遵循 RNase free（无 RNase）的原则。

3. 逆转录 PCR 真核生物基因多为断裂基因，外显子被内含子隔断。当真核生物基因作为模板进行转录时，需经剪接等一系列加工，才能成为有连续氨基酸编码区的成熟 mRNA，用于指导蛋白质的合成。以真核成熟 mRNA 为模板合成 cDNA，该过程称为逆转录反应。经过逆转录获得的 cDNA 具有连续的氨基酸编码区。

在进行逆转录反应时，除了需要逆转录酶外，还必须提供引物。最常用的逆转录引物包括寡聚脱氧胸苷酸引物，即 oligo(dT)$_{16\sim18}$、六聚体或八聚体随机引物。oligo(dT) 可以与 mRNA 的 poly A 序列互补，可用于对 mRNA 的逆转录。随机引物不但可与 mRNA 互补，也可与 rRNA 及 tRNA 等互补，因此可对多种 RNA 成分进行逆转录。在商品化的逆转录试剂盒中，逆转录的反应液常含有随机引物与 oligo(dT) 的混合物。逆转录反应的产物是 cDNA 第一链，以 cDNA 为模板进行的 PCR 反应即称逆转录 PCR（RT-PCR）。

4. 实时定量 PCR 是通过向 PCR 反应体系中引入荧光物质，对 PCR 反应中每一个循环产物的荧光信号进行实时监测，并通过分析指数期的扩增情况来实现对起始模板的定量分析。该技术使用的荧光来源包括荧光探针和荧光染料。前者是利用与靶序列特异杂交的探针来指示扩增产物的增加，因此特异性更高；而后者则能结合所有的双链 DNA，因此不必因模板的不同而特别定制，通用性强，但需要保证扩增产物的特异性，即可得到 PCR 反应的荧光扩增曲线（图 1-5A）。

在荧光扩增曲线上根据指数期扩增设定阈值，每个反应管内的荧光信号到达设定的阈值时所经历的循环数被称为循环阈值（cycle of threshold value，Ct 值）。Ct 值与模板的起始拷贝数的对数存在线性关系，起始拷贝数越多，Ct 值越小。利用已知起始拷贝数的标准样品可制备出标准曲线（图 1-5B），通过待测样品的 Ct 值，即可根据标准曲线计算出待测样品的起始拷贝数，这种计算待测样品模板数的方法称为绝对定量法。

除了绝对定量外，更常用的模板定量方法是相对定量，是通过实验组和对照组模板的倍数关系进行定量的方法。选定一个内参基因，实验组和对照组的内参基因 Ct 值分别为 Ct_1、Ct_2，目标基因实验组和对照组的 Ct 值分别为 Ct_{1a}、Ct_{2a}，则对照组 $\Delta Ct(control)=Ct_{2a}-Ct_2$，实验组 $\Delta Ct(test)=Ct_{1a}-Ct_1$。将对照组和实验组 ΔCt 进行归一化：$\Delta\Delta Ct=\Delta Ct(test)-\Delta Ct(control)$。与对照组相比，目标基因在实验组中的表达差异为 $2^{-\Delta\Delta Ct}$。

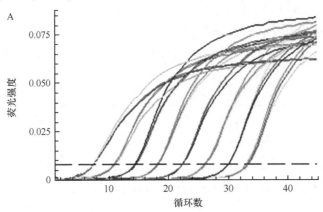

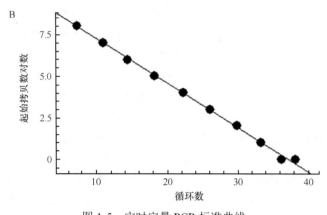

图 1-5 实时定量 PCR 标准曲线

A. 标准管荧光扩增曲线；B. 根据荧光扩增曲线获得的标准曲线

【实验步骤】

1. RNA 的抽提

（1）6 孔板的一个孔（长满约 1×10^6 个细胞）中加入 Trizol 试剂 1ml，均匀覆盖细胞，吹打，转移至 1.5ml 离心管中，室温放置 10min。

Trizol 是酸性酚试剂的商品名，主要成分是酚、异硫氰酸胍、乙酸钠和 β-巯基乙醇，因为含有指示剂而呈现紫红色。

（2）加入氯仿 0.2ml，剧烈振荡，室温放置 10min。

（3）12 000r/min 于 4℃ 离心 15min，转移上清液至新的离心管。

离心后溶液分为三相，即上层的水相、下层的有机相，以及中间的变性蛋白。小心吸取上层水相，绝不能有中层蛋白混入。

（4）加入等体积异丙醇，振荡混匀，室温放置 10min，12 000r/min 于 4℃ 离心 10min，弃上清液。

（5）1ml 75% 乙醇洗涤沉淀，并 12 000r/min 于 4℃ 离心 5min。

（6）重复步骤（5）。

（7）空气干燥沉淀，溶解于 20μl DEPC-H_2O。

（8）NanoDrop 微量分光光度计测定 RNA 浓度。

（9）1% 琼脂糖凝胶电泳检测 RNA 完整性。

2. 逆转录
本次实验使用 Takara 逆转录试剂盒［宝日生物技术（北京）有限公司，#RR036］，具体操作如下：

（1）取灭菌的 0.2ml 离心管，加入下列成分：

总 RNA	1μg
5×PrimeScript RT Master Mix	2μl
DEPC 处理 ddH₂O 至	10μl

（2）37℃ 保温 15min，85℃ 5s，取出后立即放于冰上。

3. 实时定量 PCR　本次实验使用 Super Real PreMix Plus 荧光定量试剂盒 [天根生化科技（北京）有限公司，#FP205]，具体操作如下：

（1）稀释模板，使 cDNA 终浓度为 10ng/μl。

（2）取 qPCR 专用管，配制反应体系如下，每个反应设置 2 个复孔。

试剂（μl）	1		2		3		4	
	对照组		实验组		对照组		实验组	
ddH₂O	7		7		7		7	
primer mix-GAPDH	1		1					
primer mix-target					1		1	
稀释 cDNA	2		2		2		2	
SYBR-green 混合液	10		10		10		10	

（3）混匀，1500r/min 离心 1min，置于实时 PCR（real-time PCR）热循环仪。

（4）PCR 程序：先 95℃ 15min，然后 95℃ 10s—60℃ 30s，共 40 个循环，并设置熔解曲线分析。

【注意事项】

1. 配制 PCR 反应液时应避免强光照射。

2. 必须设置没有模板的阴性对照（non-template control，NTC）。

【实验材料】

1. 无 RNA 酶水：用去离子水配制 0.1% 的 DEPC，37℃保温 12h，121℃高压灭菌 15min。

2. Trizol 试剂 [天根生化科技（北京）有限公司，#DP451]。

3. 氯仿、异丙醇、无水乙醇（分析纯，国药集团化学试剂有限公司）。

4. RNA 电泳用加样缓冲液：100% 甲酰胺，1mmol/L EDTA（pH 8.0），0.25% 溴酚蓝。

5. 逆转录反应试剂盒（Takara，#RR036）。

6. Super Real PreMix Plus 荧光定量试剂盒 [天根生化科技（北京）有限公司，#FP205]。

7. TBE 粉剂 [生工生物工程（上海）有限公司，#B040124TBE]。

【思考题】

1. Ct 值的意义是什么？

2. 如何对基因表达进行 ΔΔCt 的相对定量的分析？

（史秀娟）

实验 1-7　蛋白质印迹法（Western blotting）检测目标蛋白的表达

【实验目的】

掌握 Western blotting 主要操作步骤及应用。

【实验原理】

蛋白印迹法又称免疫印迹，是通过 SDS-聚丙烯酰胺凝胶电泳（SDS-PAGE）区分各蛋白质组分并转移至能紧密结合蛋白质的固相支持物上，以针对特定氨基酸序列（抗原）的特异性试剂（抗体）作为探针，对靶蛋白进行检测。通过特异性抗体与抗原结合，形成抗原抗体复合物。将抗体用辣根过氧化物酶（horseradish peroxidase，HRP）进行标记后，加入相应的底物，通过显色、荧光和化学发光的方法即可在相应的固相支持物上原位检测到目标蛋白的信号。这种技术可用于对蛋白质混合物中的某种特异蛋白进行鉴定和定量。

【实验步骤】

1. 蛋白质样品的制备　以 6 孔板的一个孔为例，将细胞经预冷的 PBS 漂洗 1～3 次，加入提前预混有蛋白酶抑制剂的 100μl 裂解液，细胞刮刀收集，用移液器转移至离心管中，冰上放置 1h。10 000g 离心 10min，取上清液，移入另一洁净试管中备用。

注意：裂解液的选择应根据具体的实验要求（表 1-5）。

表 1-5　不同裂解液比较

	放射免疫沉淀法（RIPA）裂解液	NP-40 裂解液	SDS 裂解液
有效裂解成分	1% 乙基苯基聚乙二醇（NP-40），0.1%SDS，1% 聚乙二醇辛基苯基醚（TritonX-100），1% 脱氧胆酸（deoxycholate acid）	1%NP-40	1%SDS
裂解强度	强	温和	强
膜蛋白的提取	很好	一般	很好
浆蛋白的提取	很好	很好	很好
核蛋白的提取	很好	较好	很好
用途	蛋白质印迹法（WB），免疫沉淀（IP）	WB，IP，免疫共沉淀（Co-IP）	WB，染色质免疫沉淀（ChIP）

2. BCA 法进行蛋白定量　操作参照试剂盒说明书，此处不再赘述。

3. SDS 聚丙烯酰胺凝胶电泳（SDS-PAGE）分离蛋白质

（1）制备凝胶，根据待分离蛋白分子量选择合适的分离胶浓度（表 1-6、表 1-7）。

表 1-6　SDS-PAGE 浓缩胶配方表

成分	5% 浓缩胶（4ml）
H₂O（ml）	2.41
40% 丙烯酰胺 /N, N′- 亚甲基双丙烯酰胺（Arc/Bis）（ml）	0.5
0.5mol/L Tris-HCl/SDS（pH 6.8）（ml）	1
10% 过硫酸铵（APS）（ml）	0.04
四甲基乙二胺（TEMED）（ml）	0.05

表 1-7　SDS-PAGE 分离胶配方表

成分	不同浓度分离胶（10ml）				
	6%	8%	10%	12%	15%
H₂O（ml）	5.9	5.4	4.9	4.4	3.65
40% Arc/Bis（ml）	1.5	2	2.5	3	3.75
1.5mol/L Tris-HCl/SDS（pH 8.8）（ml）	2.5	2.5	2.5	2.5	2.5
10%APS（ml）	0.1	0.1	0.1	0.1	0.1
TEMED（ml）	0.008	0.006	0.005	0.005	0.005

（2）上样与电泳。取预先制备好的蛋白样品 10μl（含 20～30μg 蛋白），加入 2.5μl 5×蛋白质上样缓冲液，沸水浴 5min，冷却备用。安装电泳槽，加入适量电泳缓冲液，小心取出样品梳，将样品缓慢加入点样孔中。浓缩胶 80V、分离胶 120V 进行电泳。当指示剂到达凝胶板底部时停止电泳。

4. 蛋白印迹　蛋白质经 SDS-PAGE 分离后，必须从凝胶中转移到固相支持物上。常用的支持物有硝酸纤维素膜（NC 膜）、聚偏二氟乙烯膜（PVDF 膜）、尼龙膜等。其中，PVDF 膜具有更好的蛋白吸附、物理强度及化学兼容性等优点，目前广泛应用于科研实验中。

蛋白质从凝胶向膜转移的过程普遍采用电转印法，分为半干式和湿式转印两种模式。本次实验使用 BIO-RAD 半干电转仪进行半干转印，具体操作如下：

（1）SDS-PAGE 结束后，剥离凝胶，弃去上层浓缩胶，浸泡于电转缓冲液中，另取 2 张与凝胶大小相当的厚 3M 滤纸垫，也一同浸泡在电转缓冲液中。

（2）将 PVDF 膜切成与凝胶一样大小，先置于甲醇中活化 30s，然后浸于水中 2min，再于电转缓冲液中湿润 5～10min。

（3）按照负极到正极的顺序在半干电转仪上组装"三明治"模型：滤纸，凝胶，PVDF 膜，滤纸。组装过程中要注意每层都要去除气泡。

（4）转膜条件：对于 10cm 长、1.5mm 厚的凝胶，25V，转膜 45min。

（5）转印结束后取出印迹膜置于丽春红染色液中，并在室温下搅动 3～5min，检测转膜效果，是否有气泡。

（6）将膜放入 Tris-NaCl 缓冲液（TBS）洗 3 次，每次 5min。

（7）加入 5% 脱脂奶粉/TBST（封闭液），室温封闭 1h，也可在 4℃过夜。

（8）用 TBS- 吐温（Tween）-20（TBST）洗液，室温漂洗 3 次，每次 10min。

（9）弃去漂洗液，加入用封闭液稀释的一抗，4℃孵育过夜。

（10）TBST 洗膜 3 次，每次 10min。

（11）加入稀释的二抗室温孵育 1h。

（12）TBST 洗膜 3 次，每次 5min。

（13）配制化学发光显影液：将化学发光显影试剂盒中 A 液和 B 液 1：1 混合。

（14）取出膜，使蛋白面朝上，滴加发光混合液，使其均匀覆盖在整张膜上，孵育 1～5min。

（15）去除多余发光混合液，将膜转移至成像仪，设置合适条件进行曝光。

【注意事项】

1. 为避免边缘效应，电泳时，可在未加样的孔中加入等量的样品缓冲液或者废弃蛋白样品。

2. 转膜时应依次放好膜与凝胶所对应的电极，即凝胶对应负极，膜对应正极。

3. 一抗和二抗的稀释倍数应根据具体使用的抗体和实验情况进行选择和优化。

【实验材料】

1. RIPA 裂解液（碧云天生物技术公司，#P0013）。

2. BCA 法蛋白质含量测定试剂盒（Thermo Scientific，#23235）。

3. PAGE 凝胶快速制备试剂盒（10%）（上海雅酶生物科技有限公司，#PG112）。

4. 转膜缓冲液：甘氨酸 2.9g，Tris 5.8g，SDS 0.37g，甲醇 200ml，加蒸馏水至 1L。

5. 10×丽春红染液：丽春红 2g，三氯乙酸 30g，磺基水杨酸 30g，加蒸馏水至 100ml。

6. TBST：Tris 1.21g，NaCl 5.84g，800ml 蒸馏水用 HCl 调节 pH 至 7.5，0.1% Tween-20 用蒸馏水定容至 1000ml。

7. 封闭液：5g 脱脂奶粉加入 100ml 的 TBST。

8. 化学发光试剂盒（Thermo Scientific，#32106）。

【思考题】

1. 化学发光显影后，背景噪声高的可能原因是什么？

2. 蛋白印迹出现非特异条带的可能原因是什么？

（史秀娟　李　姣）

第二章 基因转录调控分析

概　　述

一、基因转录调控概述

真核生物基因调控是指对 DNA 转录成 RNA 并翻译为蛋白质过程的调控。基因表达在多个层次受到严格的控制，具体包括 DNA 水平的调控、转录水平的调控、转录后水平的调控、翻译水平和蛋白质加工水平的调控，其中基因转录过程的调控是控制基因表达的重要环节之一，主要是通过染色质和蛋白质复合物的相互作用来介导。真核生物具有染色质，并且具有独特的基因转录前在染色质水平的调控机制，即基因转录的前提是染色质结构的一系列重要变化。

转录水平的调控是真核生物基因表达调控中的重要环节。转录需要众多的转录因子和辅助转录因子形成复杂的转录复合体。在基因转录起始阶段，基础转录因子协助 RNA 聚合酶与启动子结合，但其作用很弱，不能高效率地启动转录。RNA 聚合酶 Ⅱ 和转录因子 Ⅱ（transcription factor Ⅱ，TFⅡ），只有在反式作用因子的协助下才能有效地形成转录起始复合物。

参与真核生物基因转录调控的元件主要包括：

（1）顺式作用元件（*cis*-acting element）：指 DNA 上对基因表达具有调节活性的非编码 DNA 序列，其活性仅影响与其自身处在同一 DNA 分子上的基因，主要包括启动子（promoter）、增强子（enhancer）、沉默子（silencer）等，如增强子与启动子的接触可以明显增强基因的转录表达。

（2）反式作用因子（*trans*-acting factor）：主要指由不同染色体上基因编码的，并能直接或间接地识别或结合各类顺式作用元件从而参与调控靶基因转录的蛋白质。转录因子属于反式作用因子，与基因启动子直接结合，形成具有 RNA 聚合酶活性的动态转录复合体的蛋白质因子。

反式作用因子和顺式作用元件的相互作用是转录水平基因表达调控的分子基础。反式作用因子主要指调控蛋白、西格玛（sigma）因子等；顺式作用元件主要指转录因子结合位点（transcription factor binding site，TFBS）、核心启动子等。因此，转录水平调控的主要研究内容是发现目标启动子的反式作用因子，发现反式作用因子在目标启动子区域结合的顺式作用元件以及两者之间的相互作用。其主要步骤：首先通过体内、体外实验确定直接调控关系，然后在分子层面上阐明相互作用的顺式作用元件在启动子上所处的位置，最后分析反式作用因子及其顺式作用元件相互作用的动力学特征。

二、启动子活性

（一）预测启动子

启动子是一段位于结构基因 5′ 端上游区域的 DNA 序列，是 RNA 聚合酶结合

DNA 的部位，它控制基因表达（转录）的起始位置和表达的程度。一般来讲，基因的启动子位于基因转录起始点的上游，因此转录起始位点的确定能为寻找启动子区域提供依据。从美国国家生物技术信息中心（NCBI）数据库中获取目的基因组序列，操作步骤：在 NCBI 数据库中检索目的基因，得到其基因序列，采用 FASTA 格式对基因序列信息进行储存，用相关的在线程序进行预测。

通常确定启动子的算法可以分成两种：一种是根据启动子区各种转录信号，如 TATA 盒、CCAAT 盒，结合对这些保守信号及信号间保守的空间排列顺序的识别进行预测，如 Promoter 2.0（http://www.cbs.dtu.dk/services/Promoter/），用神经网络方法确定 TATA 盒、CCAAT 盒、加帽位点（cap site）和 GC 盒的位置和距离，识别含 TATA 盒的启动子。根据转录因子结合部位在基因组中分布的不平衡性，将转录因子结合部位分布密度与 TATA 盒的权重矩阵（weight matrix）结合起来，从基因组 DNA 中识别出启动子区，如 Promoter Scan（http://thr.cit.nih.gov/molbio/proscan/）。但上述程序预测的假阳性率较高，Promoter 2.0 每 23kb 出现一个假阳性；Promoter Scan 平均每 19kb 出现一个假阳性。另一种方法是根据启动子区序列的特征进行预测。例如，Promoter Inspector（http://www.genomatix.de/products/PromoterInspector/PromoterInspector2.html）从一组训练序列中提取出启动子区的环境特征，并将外显子、内含子和 3′ 端非翻译区的特征与启动子区加以区分，从而在基因组中确定启动子位置。

还有一些算法将上述方法与 CpG 岛（CpG island）信息相结合。CpG 岛是一段 200bp 或更长的 DNA 序列，碱基 G+C 的含量较高，并且 CpG 双核苷酸的出现频率占 G+C 含量的 50% 以上。许多脊椎动物的启动子区都与 CpG 岛的位置重合。

CpG 岛预测软件：

（1）EMBOSS: https://www.ebi.ac.uk/Tools/emboss/。

（2）MethPrimer: http://www.urogene.org/methprimer/。

（3）CpG finder: http://www.softberry.com/berry.phtml?topic=cpgfinder&group=programs&subgroup=promoter。

（4）CpGPlot/CpGReport/Isochore: http://www.ebi.ac.uk/emboss/cpgplot/index.html。

还有一些启动子预测软件：

（1）McPromoter: http://genes.mit.edu/McPromoter.html。

（2）PromFind: http://www.rabbithutch.com/。

（3）TFSearch: http://www.cbrc.jp/research/db/TFSEARCH.html。

生物信息学软件预测启动子简单快速，成本低。通过生物信息学分析目的基因核心启动子序列，可以预测目的基因启动子中潜在的转录因子的结合位点和调控元件，这些预测结果将为进一步实验提供可靠的指导方向。一般利用两种或多种生物信息学软件对目的基因核心启动子结合的转录因子进行联合预测，并且对预测结果进行分析筛选。

（二）寻找启动子最小活性区域

进一步分析，以期找出最小活性启动子及重要的顺式作用元件的位置，可以采用 PCR 方法获取目的基因 5′ 侧翼序列及一系列不同长度的截短片段，插入到萤光素酶报告质粒载体。使用双萤光素酶报告基因检测系统鉴定其启动子活性，通过构建截短突变体，确定维持基本转录的最小启动子的组成和位置，为进一步研究可能存在于启动子区的调控元件及目的基因的转录调控机制奠定基础。

三、鉴定关键转录因子

转录因子的调控决定着基因的调控网络及表达水平，基因表达的调控需要通过转录因子和转录因子结合位点的相互作用实现。已明确一些转录因子结合位点对目的基因核心启动子转录活性起正向调控作用。

转录水平的调控不是一个简单的独立过程，它是由多种转录因子、目标序列以及其调控因子所组成的高度互作的基因调控网络。现有主流的转录因子的鉴别方法可分为两种：传统实验鉴别以及生物信息学鉴别。简单来说，实验方法主要用于寻找不同类型的目标，即通过已知转录因子（TF）寻找未知 TFBS，或通过已知 TFBS 找出其对应的 TF。而生物信息学方法通过计算机进行，更多是用于同类型的预测，即通过序列保守性分析，通过已知 TF 预测未知 TF，或通过已知 TFBS 预测未知 TFBS。这些研究思路的关系如图 2-1 所示。

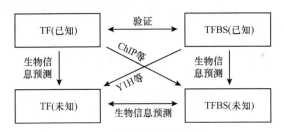

图 2-1　转录因子研究方式

Y1H：yeast one-hybrid，酵母单杂交；ChIP：chromatin-immunoprecipitation，染色质免疫沉淀

研究转录因子的实验方法主要有两种思路：①通过已知 TF 寻找未知 TFBS；②通过已知 TFBS 寻找未知 TF。无论哪种思路，都是基于蛋白与 DNA 之间的结合关系寻找，即交叉寻找目标，这有别于计算机技术的同类型寻找。

如果已经锁定了一个感兴趣的 TF，通常思路是确定其 TFBS，然后得知它控制的下游基因。通过已知 TF 寻找未知 TFBS，主要的实验方法包括染色质免疫沉淀测序（chromatin immunoprecipitation sequencing，ChIP-seq）、脱氧核糖核酸酶 I 测序（deoxyribonuclease I sequencing，DNase I-seq）、DNA 腺嘌呤甲基转移酶鉴定测序（DNA adenine methyltransferase identification sequencing，DamID-seq）等体内试验，以及指数富集配体系统进化（systematic evolution of ligands by exponential enrichment，SELEX）、蛋白结合 DNA 微阵列（protein-binding DNA microarray）芯片、电泳迁移率变动分析（electrophoretic mobility shift assay，EMSA）等体外实验。

四、表观遗传调控

表观遗传学（epigenetics）指基因的核苷酸序列不发生改变的情况下，基因的表达却发生了可遗传改变的现象。表观遗传调控机制的研究包括以下 4 个方面：①组蛋白修饰。组蛋白多种共价修饰通过改变染色质的荷电性（如乙酰化）或者募集特定的结合因子进而影响染色质的高级结构或被一系列特定蛋白或蛋白质复合物所识别，从而将组蛋白密码翻译成特定的染色质状态，调节基因的表达。②依赖于 ATP 的染色质重塑复合物的功能。其功能是借助 ATP 的能量改变核小体与基因组 DNA 的相对位置、改变染色质高级结构的稳定性或核小体的解聚等，以利于特异转录因子与 DNA 特定序列的结合从而改变染色质对基因转录的调节作用。③基因组 DNA 的甲基化修饰。④非编码 RNA 指导的染色质结构变化。

（一）组蛋白修饰

组蛋白 H4、H3、H2B 和 H2A 组成组蛋白八聚体，DNA 缠绕在该八聚体上形成核小体。组蛋白八聚体的三维结构为球状，而组蛋白亚基的氨基端则游离出来，称为氨基酸尾巴，就是在这氨基酸尾巴的一些氨基酸残基上，发生了组蛋白共价修饰，起着调节 DNA 生物学功能的作用。组蛋白修饰主要发生在 N 端，种类多样，主要包括甲基化（methylation）、磷酸化（phosphorylation）、乙酰化（acetylation）、甲酰化（formylation）、泛素化（ubiquitinoylation）以及小分子泛素相关修饰物蛋白（small ubiquitin-like modifier modification，SUMO）化等。不同的组蛋白共价修饰依次或组合在一起，通过协同或者拮抗，与染色质相关蛋白相互作用，最终导致转录激活或转录沉默的动态改变，这就是所谓的"组蛋白密码"。组蛋白修饰的异常，尤其是甲基化和乙酰化这两种最重要的组蛋白修饰的异常，能够导致基因调控的异常改变，可能成为一个潜在的驱动因素，促进机体肿瘤的发生发展。

研究表明，不同的转录调控元件具有不同的组蛋白修饰模式，且多种组蛋白形成修饰组合协同影响基因的表达。不同的转录调控元件具有不同的表观修饰标志物（表 2-1），根据这些标志物可以对相关调控元件在基因组中的位点进行预测和定位。

表 2-1　各种转录调控元件的标志物

转录调控元件	指示标志物
活跃型启动子	DNase Ⅰ，H2A.Z，H3K4me3，Pol Ⅱ，H3K9me1
沉默型启动子	H3K4me3，H3K27me3，H3K9me2，H3K9me3
绝缘子	DNase Ⅰ，H2A.Z，CTCF
强增强子	p300，H3K4me1，H3K4me2，H3K27ac，H3K9ac，DNase Ⅰ，H2A.Z
弱增强子	p300，H3K4me1，DNase Ⅰ，H2A.Z
沉默型增强子	p300，H3K4me1，H3K27me3，H3K9me3

组蛋白修饰的研究方法：①组蛋白翻译后修饰的检测：一般通过蛋白印迹抗体检测。②组蛋白翻译后修饰结合伴侣的表征：免疫共沉淀（Co-IP）/pull-down 实验，多态芯片实验等。③特异性翻译后修饰的基因组定位：ChIP-PCR、染色质免疫沉淀与芯片方法结合（ChIP-chip）法、ChIP-seq 实验等。

（二）染色质重塑

DNA 的复制转录是需要将 DNA 的紧密结构打开，从而允许一些反式作用因子结合（转录因子或其他调控因子）。大多数基因组中的染色质都紧紧盘绕在细胞核内，但也有一些区域经染色质重塑后呈现出松散的状态，这部分无核小体的裸露 DNA 区域被称为开放染色质（open chromatin），而 DNA 复制和 RNA 转录都发生在这些区域。染色质的这种特性称为染色质易接近性（chromatin accessibility），通过研究细胞特定状态下开放的染色质区域可以在 DNA 水平上了解其转录调控。开放染色质的研究方法有很多，如脱氧核糖核酸酶超敏位点测序（DNase-seq）、微球菌核酸酶测序（MNase-seq）、甲醛辅助分离调控元件测序（FAIRE-seq）、转座酶可及性测序（ATAC-seq）等。

（三）DNA 甲基化

DNA 甲基化是一种重要的表观遗传修饰，参与基因表达调控、基因印记、转座子沉默等重要的生物学过程。DNA 甲基化状态和程度存在时空差异性。在 DNA 甲基化过程中，胞嘧啶突出于 DNA 双螺旋并进入与胞嘧啶甲基转移酶结合部位的裂隙中。胞嘧啶甲基转移酶将 S-腺苷甲硫氨酸（S-adenosylmethionine，SAM）的甲基转移到胞嘧啶的 5′ 位，形成 5-甲基胞嘧啶（5-methylcytosine，5mC）。

DNA 甲基化是基因转录的重要影响因素。基因启动子区的 DNA 甲基化是最常见的表观遗传现象，可以抑制基因表达。启动子区往往位于基因的 5′ 侧翼区，基因 5′ 侧翼区低甲基化有可能利于转录因子的结合进而起始基因的转录。启动子区发生甲基化后，甲基团本身以及甲基化 DNA 募集的甲基化结合蛋白如 MeCP2 所造成的空间位阻能够抑制转录因子的结合。此外，MeCP2 可以募集组蛋白去乙酰酶（histone deacetylase，HDAC）的结合，使甲基化 DNA 附近的组蛋白发生去乙酰化，形成较为紧密的染色质构象从而抑制转录。高密度的 DNA 甲基化能够使得强启动子失活，而低密度的 DNA 甲基化则只能灭活弱启动子。

基因内部的高甲基化会抑制基因内部异常转录的起始，它会减缓 RNA 聚合酶 II 前进的速度从而延缓转录延伸，而 RNA 聚合酶 II 复合体在模板链上堆积在一起，抑制了新的转录起始前体复合物的形成，从而降低了转录"噪声"。总体来说，内部甲基化的基因在许多组织中一般处于中等程度的表达水平，这些基因许多是维持细胞正常功能所必需的持家基因（又称管家基因）。

研究 DNA 甲基化的方法分为两大类。一类是免疫沉淀（immunoprecipitation，IP）类，如 DNA 甲基化免疫共沉淀技术（MeDIP-seq），还有富集 CpG 的甲基化 DNA 结合域测序（methylated DNA binding domain sequencing，MBD-seq）技术，该技术基于特异性结合甲基化 DNA 的蛋白 MBD2b 富集高甲基化的 DNA 片段，并结合第二代高通量测序，对富集到的 DNA 片段进行测序，从而检测全基因组范围内的甲基化位点。另外一类就是重亚硫酸盐（bisulfite）处理技术，包括重亚硫酸盐甲基化 PCR、重亚硫酸盐全基因组甲基化测序、重亚硫酸盐全基因组甲基化酶切、启动子液相捕获 DNA 甲基化测序（liquid hybridization capture-based bisulfite sequencing，LHC-BS）、化学氧化法结合亚硫酸氢盐测序（oxidative bisulfite sequencing，oxBS-seq）等。

【参考文献】

Bird A P. 1995. Gene number, noise reduction and biological complexity. Trends Genet, 11(3): 94-100.

Boyes J, Bird A. 1992. Repression of genes by DNA methylation depends on CpG density and promoter strength: evidence for involvement of a methyl-CpG binding protein. Embo J, 11(1): 327-333.

Carmo-Fonseca M. 2002. The contribution of nuclear compartment-talization to gene regulation. Cell, 108(4): 513-521.

Lanctôt C, Cheutin T, Cremer M, et al. 2007. Dynamic genome architecture in the nuclear space: regulation of gene expression in three dimensions. Nat Rev Genet, 8(2): 104-115.

Liu G, Chater KF, Chandra G, et al. 2013. Molecular regulation of antibiotic biosynthesis in *Streptomyces*. Microbiol Mol Biol Rev, 77(1): 112-143.

Rodionov DA. 2007. Comparative genomic reconstruction of transcriptional regulatory networks in bacteria. Chem Rev, 107(8): 3467-3497.

Suzuki MM, Bird A. 2008. DNA methylation landscapes: provocative insights from epigenomics. Nat Rev Genet, 9 (6): 465-476.

Zabidi MA, Arnold CD, Schernhuber K, et al. 2015. Enhancer-core-promoter specificity separates developmental and housekeeping gene regulation. Nature, 518(7540): 556-559.

Zilberman D, Gehring M, Tran R K, et al. 2007. Genome-wide analysis of *Arabidopsis thaliana* DNA methylation uncovers an interdependence between methylation and transcription. Nat Genet, 39(1): 61-69.

实验 2-1 双萤光素酶报告基因检测

【实验目的】

1. 掌握双萤光素酶报告基因实验的原理。

2. 根据操作步骤熟练进行实验操作并分析实验结果。

【实验原理】

萤光素酶报告基因是指以萤光素（luciferin）为底物来检测萤火虫萤光素酶（firefly luciferase，Fluc）活性的一种报告系统。萤火虫萤光素酶是含有 550 个氨基酸残基的单体酶，分子量为 61kDa，无须表达后修饰，直接具有完全的酶活。萤光素酶可以催化萤光素氧化成氧化萤光素（oxyluciferin），在萤光素氧化的过程中，会产生生物发光（bioluminescence）。萤光素酶催化底物而发光，特异性很强，灵敏度高，由于没有激发光的非特异性干扰，信噪比也比较高。这种无须激发光就可发出偏红色的生物发光，其组织穿透能力明显强于绿色荧光蛋白（GFP）。

双报告基因用于实验系统中作相关的或成比例的检测，通常一个报告基因作为内对照，使另一个报告基因的检测均一化。这两个报告基因分别位于不同的载体。检测时需要将两个质粒共转染。作为内对照的报告基因质粒通常含有海肾萤光素酶（renilla luciferase，RLuc），提供实验内在因素变化（如细胞数量、细胞活力、转染效率及裂解效率等）的对照，确保实验结果的准确性。实验报告基因 Fluc 偶联到调控的启动子，研究调控基因的结构和生理基础。

广泛使用的双报告基因系统载体来自 Promega 公司，检测试剂具有很高的灵敏度和线性范围，可实现对单管同一样品的双报告基因的同时检测。将目的基因构建至载体中报告基因萤光素酶（luciferase）的后面，构建萤光素酶质粒。然后转染至细胞中，通过比较过表达转录因子，检测报告基因表达的改变（以萤火虫萤光素酶为报告基因，以海肾萤光素酶为内参基因）可以定量反映转录因子对目的基因的作用。结合定点突变等方法可以进一步确定转录因子对目的基因的作用位点。

【实验步骤】

1. 分析并预测启动子区可能的转录因子结合位点。

2. 重组质粒制备：制备含有待检测基因 Fluc 的重组质粒。筛选阳性克隆，测序验证。

（1）目的基因 5′ 侧翼区的克隆。

1）PCR 扩增目的基因 5′ 侧翼区。根据 GenBank 中目的基因的 5′ 侧翼区序列，用 Primier 5.0 引物设计软件设计特异引物，在 5′ 端和 3′ 端分别添加合适的酶切位点（从载体的多克隆位点中选，以下以 *Kpn* I 和 *Bgl* II 为例）。以合适物种的基因组 DNA 为模板进行 PCR 反应，扩增出 5′ 侧翼区 DNA 序列，反应体系如下：

DNA 模板（100ng/μl）	1μl
上游引物（10μmol/L）	1μl
下游引物（10μmol/L）	1μl
2×PCR 混合液	10μl
ddH$_2$O 至	20μl

充分混匀后，放入 PCR 仪中进行反应。反应条件为：先 94℃ 5min，然后 94℃ 30s—59℃ 30s—72℃ 2min，共 33 个循环，最后 72℃ 10min。PCR 产物进行 1% 琼脂糖凝胶电泳。

PCR 的具体操作可参见实验 1-2，PCR 产物琼脂糖凝胶电泳的具体操作可参见实验 1-1。

2）PCR 产物的纯化、酶切消化以及报告基因的酶切消化。将 PCR 产物进行 1% 琼脂糖凝胶电泳，将目的基因片段切胶回收纯化。本实验使用的是天根生化科技（北京）有限公司的胶回收试剂盒（#DP209），切胶纯化具体操作请参见实验 1-1。

对纯化的 PCR 产物及报告基因质粒 pGL3-Basic 进行 *Kpn* I 和 *Bgl* II 双酶切消化，反应体系如下：

10× 缓冲液	2μl
Kpn I	1μl
Bgl II	1μl
DNA	5μl
ddH$_2$O 至	20μl

充分混匀，置 37℃ 2h。酶切实验具体操作请参见实验 1-5。

3）目的基因及载体的回收、纯化及连接。目的基因及载体的双酶切产物分别进行 1% 琼脂糖凝胶电泳，切胶回收纯化，切胶纯化具体操作请参见实验 1-1。连接反应体系如下：

酶切后目的基因	3μl
酶切后 pGL4 载体	1μl
10×T$_4$ 连接酶缓冲液	1μl
T$_4$ DNA 连接酶	1μl
ddH$_2$O 至	10μl

混匀后，22℃反应 4h。连接实验具体操作请参见实验 1-1。

4）转化大肠埃希菌。取 5μl 连接产物加入到 100μl 感受态 DH5α 大肠埃希菌中，混匀后依次放入冰水中 30min、42℃水浴 90s、冰水中 3min 后加入 500μl LB 培养基，置于 37℃、160～180r/min 的摇床中培养 50min 后，取 100μl 涂布于 Amp$^+$LB 平板，37℃培养过夜。转化实验具体操作请参见实验 1-2。

5）阳性克隆的鉴定、质粒的小量制备和浓度测定。具体实验操作请参见实验 1-3 和实验 1-4。

（2）目的基因 5′ 侧翼区缺失体的构建。

1）PCR 扩增各缺失片段。以上一步得到的阳性重组子为模板，采用 PCR 的方法构建一系列 5′ 缺失体。用 Primier 5.0 软件设计引物，在 5′ 端和 3′ 端分别添加 KpnⅠ 和 BglⅡ 酶切位点，自行设计目的基因 5′ 侧翼区缺失体 PCR 引物序列，反应体系如前。PCR 及其产物电泳具体操作可参见实验 1-1 和实验 1-2。

2）缺失体质粒的构建及鉴定。将 PCR 产物纯化后进行双酶切消化，与双酶切过的 pGL3-Basic 进行连接、转化后，进行阳性克隆鉴定，详细步骤同前。得到目的基因 5′ 侧翼区缺失体报告质粒，分别命名为缺失体 1，缺失体 2，缺失体 3，……，缺失体 N。

（3）扩增转录因子质粒，提纯备用。空载质粒作为对照，提纯备用。

（4）细胞系选择：根据实验需要选择细胞株，通常选择转染效率较高的 293T 细胞或原代细胞等。

（5）培养目的细胞，共转染：将报告基因质粒与转录因子表达质粒共转染细胞。真核细胞瞬时转染具体操作请参见实验 1-4。

（6）荧光检测：设置不同的检测时间点，一般为 24h/48h，使用 GENios Pro 酶标仪或具有类似检测功能的设备进行荧光强度检测。萤光素酶活性分析操作步骤如下：

1）弃去培养基，用 PBS 洗涤一次，加入 30μl 1×PLB（裂解液），摇床上振荡 15min。

2）将细胞裂解液移入 1.5ml 离心管中，12 000g 离心 2min，取上清液。

3）配 RLuc 工作液：取 RLuc 检测缓冲液，按照 49∶1 加入 RLuc 检测底物，混匀。

4）取样品 20μl，加入 100μl FLuc 检测试剂，混匀后放入 TD20/20 光度计检测池中，按"go"，仪器读取荧光强度数值（A 值）。

5）加入 100 μl RLuc 检测工作液，混匀后测定 RLuc 活性（B 值）。

6）用 A 值/B 值来计算出相对萤光素酶活性（relativity luciferase activities，RLU）。

7）计算相对荧光强度，并与空载对照比较。

8）统计学处理：实验结果以均数±标准差（$\bar{X} \pm s$）表示，应用 SPSS 12.0 统计分析软件对实验数据进行统计学处理，多组间比较采用单因素方差分析，组间比较采用 LSD-t 检验，$P < 0.05$ 表示有统计学意义。

【注意事项】

1. 报告基因检测受多种因素影响（载体状态、细胞状态、转染量、转染效率、裂解效率、加样精度、检测过程等），因此同批次样品检测值也可能出现浮动。所以，实验一般需要做 3 个或 3 个以上复孔，并且引入另一个报告基因作为内参。

2. 细胞培养时间不宜过长，12～36h 最好；长时间培养后，细胞难裂解。

3. 双萤光素酶报告基因的载体选择：

（1）萤火虫萤光素酶载体建议选取 pGL-3 或 pGL-4 作载体或自己构建相应的载体。

（2）海肾萤光素酶载体建议选取 phRL-TK，不使用强启动子（如 SV40、CMV），而选用中等强度的启动子（如 TK）。

4. 双萤光素酶报告基因的载体比例：根据实验具体情况调整。建议作一个预实验来调整（萤火虫萤光素酶载体与海肾萤光素酶载体比例分别用 1∶10、1∶20、1∶50、1∶100），萤火虫萤光素酶检测发光值大于海肾萤光素酶发光值的比例较好。

5. 最适反应温度：室温（20～22℃）。各个组分（细胞裂解产物、底物工作液等）都需要调整到室温。

6. 双萤光素酶反应体积：20μl（细胞裂解产物）-100μl（FLuc 底物）-100μl（RLuc 底物）。底物量可根据实际情况调整，但一定要保证底物过量，否则会造成检测结果出现大的偏差。

7. 细胞裂解产物存放：常温存放不超过 6h；-20℃存放 1 个月；-80℃存放半年。

8. 裂解产物与底物混合（手动加样）：要求混合快速、混合时间一致，避免萤光素酶衰变的影响。

9. 发光半衰期：①单萤光素酶检测试剂盒（Promega，#E1500），萤火虫萤光素酶的发光半衰期约为 12min；②双萤光素酶检测试剂盒（Promega，#E1910），FLuc 的发光半衰期约为 9min，RLuc 的发光半衰期约为 2min。

10. 检测结果：检测前应检测孔板或空管的发光值，作为仪器发光背景值，Modulus 多功能检测仪的仪器背景值应小于 100；样品检测发光值应该远大于仪器背景值，如 10 000。如果样品发光值过于接近仪器背景值，说明样品中萤光素酶过少，需要考虑转染量、转染效率、裂解效率等因素。

【实验材料】

1. 双萤光素酶报告分析系统（Dual-Luciferase Reporter Assay System）（Promega，#PR-E1910）。

2. 细胞实验相关：细胞完全培养基、HEK293 细胞和转染试剂等。

3. 克隆试剂：限制性内切酶、连接酶和感受态细菌等。

【思考题】

双萤光素酶报告基因实验的原理是什么？

【参考文献】

陶永光. 2014. 肿瘤分子生物学与细胞生物学实验手册. 长沙：湖南科学技术出版社.

实验 2-2　染色质免疫沉淀 PCR（ChIP-PCR）

【实验目的】

1. 掌握 ChIP-PCR 实验的原理和操作步骤。

2. 根据操作步骤熟练进行实验操作并分析实验结果。

【实验原理】

染色质免疫沉淀（ChIP）技术属于结合位点分析法，是研究体内蛋白质与 DNA 相互作用的有力工具，通常用于转录因子结合位点或组蛋白特异性修饰位点的研究。ChIP 技术由奥兰多（Orlando）等于 1997 年创立。基本原理与过程：通过在特定时间点上用甲醛交联等方式"固定"细胞内所有 DNA 结合蛋白的活动，相当于这一时间点上细胞内蛋白和 DNA 相互作用的关系被瞬时"快照"（snapshot）下来，再通过后续的裂解细胞、用超声波打断染色质或者酶切法断裂 DNA，使其成为一定长度范围内的染色质片段。将蛋白质-DNA 复合物与特定 DNA 结合蛋白的抗体孵育，获得复合体（DNA-蛋白质-蛋白 A-颗粒/磁珠），从而达到特异性富集目的蛋白结合的 DNA 片段的目的。然后将与抗体特异结合的 DNA-蛋白质复合物洗脱下来，最后将洗脱得到的特异 DNA 与蛋白质解离、纯化 DNA 后，进行下游分析。通过对目的片段的纯化和检测（PCR、ChIP-chip、ChIP-Seq 等），从而获得 DNA 结合蛋白质和 DNA 相互作用的信息。

【实验步骤】

本实验采用 EpiQuik™ 极速细胞免疫共沉淀（ChIP）试剂盒。按照其操作步骤，对转录因子与基因启动子的相互作用进行验证。

1. 抗体结合在微孔板中

（1）取实验预估所需联管置于板架上，使用 150μl 的清洗缓冲液（CP1）清洗孔一次。

（2）每孔添加 100μl 的抗体缓冲液（CP2）并依次加入以下抗体：加 1μl 的正常小鼠 IgG 作为阴性对照，加 1μl 的抗 RNA 聚合酶Ⅱ作为阳性对照，加 2μg 目标蛋白抗体到样本孔中。

（3）使用保鲜膜紧紧密封条板，避免蒸发并在室温下孵育 90min。同时，按照如下步骤中的描述制备细胞提取物。

2. 细胞收集和细胞内交联

（1）在 10cm 的培养皿中，体外培养细胞汇合生长到 80%～90%，大概（4～5）×

10^6 个细胞（每孔反应要求细胞数量在 0.5×10^6 个），然后使用胰蛋白酶处理并收集在一个 15ml 锥形管中。使用血细胞计数器统计细胞数量。

（2）以 1000r/min 速度离心细胞 5min，弃上清液。用 10ml 的 1×PBS 清洗细胞一次，以 1000r/min 速度离心细胞 5min，弃上清液。

（3）添加 9ml 新鲜的含有 1% 的甲醛（终浓度）的完全培养基到细胞中。将细胞在摇床上（50～100r/min）室温孵育 10min。

3. 细胞裂解与基因组 DNA 破碎

（1）加入 1ml 1.25mol/L 的甘氨酸溶液，混合并以 1000r/min 离心 5min。弃上清液，并用 10ml 的冷冻 1×PBS 清洗细胞一次，以 1000r/min 离心 5min。

（2）加裂解缓冲液 A（CP3A）到细胞中（对于贴壁细胞：200μl/1×10^6 个细胞）。将细胞悬浮液转移到一个 1.5ml 的离心管中，冰浴 10min。涡旋 10s 后，以 5000r/min 离心 5min。

（3）小心移走上清液。加入含蛋白酶抑制剂的混合物（protease inhibitor cocktail，PIC）（每 1ml 的裂解缓冲液 B（CP3B）中加 10μl 的 PIC）CP3 到沉淀物中（100μl/1×10^6 个细胞），冰浴 10min，涡旋。

（4）使用超声处理设备剪切 DNA。超声 20 次，每次 10s，间歇 30s，全程冰上操作。取 5μl 超声后的裂解液凝胶电泳分析，DNA 片段主要聚集在 200～1000bp 即为合格。

（5）以 14 000r/min 离心 10min。

4. 蛋白质/DNA 免疫沉淀

（1）转移上清液到一个新的 1.5ml 离心管中。按照所需以 1:1 的比例使用 ChIP 稀释缓冲液（CP4）稀释上清液（如添加 100μl 的 CP4 到 100μl 的上清液中），剩余上清液存储于-80℃。

（2）转移 5μl 稀释上清液到另一新的 1.5ml 离心管中，标记"input DNA"，并放置于冰上。

（3）转移孵育好的抗体溶液，弃去；并用 150μl 的 CP2 通过移液枪轻柔吹打清洗孔 3 次。

（4）转移 100μl 稀释上清液到每个孔中。使用保鲜膜紧紧密封条板，避免蒸发并在摇床上（50～100r/min）室温孵育 90min。

（5）转移上清液并弃掉，用 150μl 的 CP1 清洗孔 6 次。每次在摇床上（100r/min）进行 2min 的清洗，再使用 150μl 的 1×Tris-EDTA（TE）缓冲液清洗孔一次（2min）。

5. DNA 去交联和纯化

（1）40μl 的 DNA 释放缓冲液（CP5）中添加 1μl 的蛋白酶 K 并混合，然后分别加入 40μl 包含蛋白酶 K 的 CP5 到每个样品孔中（包含"input DNA"）。使用保鲜膜紧紧密封条板，避免蒸发并在水浴 65℃孵育 15min。

（2）添加 40μl 的逆向缓冲液（CP6）到每个样品孔中（包含"input DNA"），混合。使用保鲜膜紧紧密封条板，避免蒸发并在水浴 65℃孵育 90min。

（3）将吸附柱装配到 2ml 的收集管上中，然后分别向每个样品孔中（包含"input DNA"）添加 150μl 结合缓冲液（CP7），混匀转移到吸附柱中，以 12 000r/min 离心 1min。

（4）向每个吸附柱中添加 200μl 70% 乙醇，以 12 000r/min 离心 1min。弃收集管中的液体。

（5）向每个吸附柱中添加 200μl 90% 乙醇，以 12 000r/min 离心 1min。弃收集管中的液体。

（6）向每个吸附柱中添加 200μl 90% 乙醇，以 12 000r/min 离心 1min。

（7）将吸附柱转至新的 1.5ml 离心管中，分别添加 10～20μl 的洗脱缓冲液（CP8）到吸附柱中，并以 12 000r/min 离心 1min 来洗脱纯化的 DNA。洗脱下的 DNA 可直接用于 PCR，也可储存于 −20℃。

6. PCR 实验共分 4 组：抗 RNA Pol Ⅱ 抗体组（阳性对照），抗 IgG 抗体组（阴性对照），input 组和抗目的蛋白抗体组。其中，目的基因启动子 PCR 扩增引物用 Primer 5.0 引物设计软件设计特异引物并合成。试剂盒自带阳性对照组 GAPDH 基因的 PCR 扩增引物：正向引物为 5′-ACGTAGCTCAGGCCTCAAGA-3′；反向引物为 5′-GCGGGCTCAATTTATAGAAAC-3′。

PCR 的具体操作可参见实验 1-2，PCR 产物的琼脂糖凝胶电泳具体操作可参见实验 1-1。

【注意事项】

1. 抗体质量 一个灵敏度高和特异性高的抗体可以得到富集的 DNA 片段，这有利于探测结合位点。一定要选择 ChIP 级别抗体！一定要明确可以用于 ChIP。

2. 空白对照 空白对照是必要的，因为存在很多假阳性情况需要通过空白对照进行判断。一般来说有 3 种类型的空白对照：

（1）部分进行免疫沉淀前的 DNA（input DNA），这是最常用的。

（2）由免疫沉淀得到的不含有抗体的 DNA（mock IP DNA）。

（3）使用非特异免疫沉淀方法得到的 DNA。

【实验材料】

1. EpiQuik™ 极速细胞免疫共沉淀试剂盒（北京艾德科技有限公司，#A-P-2002-24）。

2. 相关溶液：37% 甲醇、90% 乙醇、70% 乙醇、1.25mol/L 甘氨酸溶液、1×TE 缓冲液（pH 8.0）、1×PBS 等。

【思考题】

1. ChIP-PCR 实验的原理是什么？

2. 如何去除 ChIP-PCR 的假阳性？

【参考文献】

Collas P, Dahl J A. 2008. Chop it, ChIP it, check it: the current status of chromatin immunoprecipitation. Front Biosci, 13(17): 929-943.

Orlando V, Strutt H, Paro R. 1997. Analysis of chromatin structure by *in vivo* formaldehyde cross-linking. Methods, 11(2): 205-214.

实验 2-3　染色质免疫沉淀测序（ChIP-seq）

【实验目的】

1. 掌握 ChIP-seq 实验的原理和操作步骤。

2. 根据操作步骤熟练进行实验操作并分析实验结果。

【实验原理】

ChIP 是相对成熟的技术，基于 ChIP 技术，配合使用芯片或者第二代高通量测序技术检测免疫沉淀下来的 DNA 片段，就形成了 ChIP-chip 技术和 ChIP-seq 技术。ChIP-seq 技术能够高效地在全基因组范围内检测与组蛋白、转录因子等互作的 DNA 区段。ChIP-seq 由于能真实、完整地反映结合在 DNA 序列上的靶蛋白，是目前全基因组水平研究 DNA-蛋白质相互作用的标准实验技术。

首先通过 ChIP 特异性地富集目的蛋白结合的 DNA 片段，并对其进行纯化与文库构建；然后对富集得到的 DNA 片段进行高通量测序。研究人员通过将获得的数百万条序列标签精确定位到基因组上，从而获得全基因组范围内与组蛋白、转录因子等互作的 DNA 区段信息。ChIP-seq 的数据可用于以下方面的研究：

1. 判断 DNA 链的某一特定位置会出现何种组蛋白修饰。

2. 检测 RNA 聚合酶 Ⅱ 及其他反式因子在基因组上结合位点的精确定位。

3. 研究组蛋白共价修饰与基因表达的关系。

4. 转录因子 CCCTC 结合因子（CCCTC binding factor，CTCF）与 CTCF 结合位点研究。

ChIP 技术的最大优点是该技术是一种体内检测技术，得到的转录因子结合谱信息是人体内真实存在且具有功能的结合信息。ChIP-seq 是一种无偏倚（unbias）检测技术。但是 ChIP 技术也存在一些缺点，如过程冗长、对抗体的依赖性大、非特异性污染严重、重复性不高等。

【实验步骤】

1. 通过甲醛交联将细胞内与 DNA 结合的蛋白固定，再裂解细胞，超声断裂 DNA。

2. 将 DNA-蛋白质复合物结合在特异性抗体上，利用可以结合抗体的 Protein A 磁珠将抗体-蛋白质-DNA 复合物富集下来，之后将 DNA 与蛋白解离。

3. 将 DNA 片段补平，加 poly A 和接头，对 ChIP 样品进行定量检测，检测合格后进行测序文库构建、DNA 成簇（cluster generation）扩增，最后进行高通量测序。

4. 实验者也可以把经 ChIP 富集得到的 DNA 样品纯化好后交给测序公司进行高通量测序。

5. 生物信息分析

（1）基本数据分析，数据产出统计：对测序结果进行碱基识别（base calling），去除污染及接头序列；统计结果包括测定的序列（read）长度、序列数量、数据产量。

（2）高级数据分析：包括以下 5 个方面。

1）ChIP-seq 序列与参考序列比对。

2）峰值识别（peak calling）：统计样品峰值（peak）信息（峰检测及计数、平均峰长度、峰长中位数）。

3）统计样品唯一匹配序列（uniquely mapped reads）在基因上、基因间区的分布情况及覆盖深度。

4）给出每个样品峰值关联基因列表及基因本体（gene ontology，GO）功能注释和信号通路分析。

5）在多个样品间，对与峰值关联基因做差异分析。

【注意事项】

1. ChIP-seq 的样品要求浓度≥10μg/ml，总量≥200ng，$OD_{260/280}$ 为 1.8～2.2。

2. 注意测序深度：判断足够的测序深度的标准是当增加测序得到更多的序列时不能发现更多的结果。将这一标准应用到结合位点的数量上，就是进行测序增加序列数而无法得到更多的结合位点。

【实验材料】

1. EpiQuik^{TM} 极速细胞免疫共沉淀试剂盒（北京艾德科技有限公司，#A-P-2002）。

2. 准备如下试剂和实验用水：37% 甲醇、90% 乙醇、70% 乙醇、1.25mol/L 甘氨酸溶液、1×TE 缓冲液（pH 8.0）、1×PBS 和 ddH$_2$O。

【思考题】

1. ChIP-seq 实验的原理是什么？

2. 如何分析实验结果？

【参考文献】

Schmidt D, Wilson MD, Spyrou C, et al. 2009. ChIP-seq: using high-throughput sequencing to discover protein-DNA interactions. Methods, 48(3): 240-248.

实验 2-4　靶标的切割和标记（CUT&Tag）实验

【实验目的】

1. 掌握 CUT&Tag 实验的原理和操作步骤。

2. 根据操作步骤熟练进行实验操作并分析实验结果。

【实验原理】

2019 年，弗雷德·哈钦森癌症研究中心的黑尼科夫（Henikoff）博士在《自然通讯》（*Nature Communication*）公开了靶标的切割和标记（cleavage under targets and tagmentation，CUT&Tag）技术的详细结果与实验方案，即靶标的切割和标记是一种酶栓系策略，为分析不同的染色质成分提供了高效的高分辨率测序库。在 CUT&Tag 中，特异性抗体与染色质上的蛋白在原位结合，然后将蛋白 A-Tn5 转座酶融合蛋白栓系在一起。在抗体引导下，ChiTag 酶仅在日的组蛋白修饰标志、转录因子或染色质调控蛋白结合染色质的局部进行目的 DNA 的片段化，同时添加测序接头，并释放到细胞外。转座酶的激活可有效地生成高分辨率和极低背景的片段库。由于绝大部分无关的染色质还留在细胞核内，因此整个实验的信噪比大幅提高，同时简化了实验步骤。该方法可一管式高通量应用，并可与单细胞测序平台"无缝"结合。从活细胞到测序库的所有步骤都可以在工作台上的单管或高通量管道中的微孔中进行，整个过程可以在一天内完成。

与 ChIP-seq 方法相比，CUT&Tag 技术方法简便易行，信噪比高，重复性好，需要的细胞数量可少至 60 个细胞，且有望将 ChIP-seq 做到单细胞水平，再一次展现了创新技术方法的潜力（表 2-2）。CUT&Tag 有望将蛋白与染色质 DNA 互相作用的研究变成一种类似 PCR 的常规操作，对基因调控、表观遗传等领域的研究具有革命性的意义。

表 2-2 CUT&Tag 与 ChIP-seq 流程的比较

CUT&Tag	ChIP-seq
1. 细胞渗透性处理	1. 甲醛交联处理细胞
2. 一抗进入细胞，与目的蛋白结合，二抗进入细胞，与一抗结合	2. 细胞破碎，收集裂解液
3. 蛋白 A-Tn5 转座体（Chi Tag 转座体）进入细胞，与抗体结合	3. 超声打断基因组 DNA
4. 加入 Mg²⁺激活转座体，局部进行目的 DNA 的片段化	4. 加入一抗和蛋白 A 磁珠，进行 IP
5. 提取 DNA，PCR，构建文库	5. 洗脱，解交联
6. 高通量测序	6. DNA 补平、加 poly A、加接头，PCR，文库构建完成
	7. 高通量测序

【实验步骤】

本实验采用诺唯赞 CUT&Tag 试剂盒，按照其使用说明操作如下。

1. 细胞预处理

（1）室温下收集新鲜细胞于 EP 管（小型离心管）中并计数；600*g* 离心 3min，弃上清液。

（2）加入细胞穿孔缓冲液重悬细胞；600*g* 离心 3min，弃上清液。

（3）加入细胞穿孔缓冲液再重悬细胞，轻柔振荡并滴加结合缓冲液重悬的伴刀豆球蛋白（ConA）磁珠，轻柔颠倒混匀 5～10min。

2. 一抗结合目的蛋白

（1）100g 离心 EP 管 3s，将管盖液体离心下来，将 EP 管静置于磁力架上沉淀细胞，弃上清液。

（2）EP 管中加入预冷的抗体缓冲液将细胞重悬，轻柔振荡后置于冰上。

（3）每管中加入 0.5～1μl 一抗（抗体使用生产商推荐浓度），轻柔振荡。

（4）室温下将 EP 管置于摇床上孵育 2h。

3. 二抗结合

（1）100g 离心 EP 管 3s，将管盖液体离心下来，将 EP 管静置于磁力架沉淀细胞，去上清液。

（2）将二抗 1∶100 稀释于穿孔缓冲液，加入管中，轻柔振荡。

（3）室温下将 EP 管置于摇床上孵育 30～60min。

（4）100g 离心 EP 管 3s，将管盖液体离心下来，EP 管静置于磁力架沉淀细胞，弃上清液。

（5）管中加入 0.8～1ml 穿孔缓冲液，上下颠倒 10 次。

（6）重复步骤（4）和（5）两次。

4. ChiTag 转座体结合抗体

（1）快速离心 EP 管，将管盖液体离心下来，将 EP 管静置于磁力架沉淀细胞，弃上清液。

（2）将 ChiTag 转座体抗体 1∶250 稀释于穿孔缓冲液 2 中，滴加于细胞上，轻柔振荡。

（3）室温下将 EP 管置于摇床上孵育 1h。

（4）100g 离心细胞 3s，将管盖液体离心下来，将 EP 管静置于磁力架沉淀细胞，弃上清液。

（5）管中加入 0.8～1ml 穿孔缓冲液 2，上下颠倒 10 次。

（6）重复步骤（4）和（5）两次。

5. 激活 ChiTag 转座子，片段化目的 DNA

（1）100g 离心 3s，将管盖液体离心下来，将 EP 管静置于磁力架沉淀细胞，弃上清液。

（2）管中加入 300μl ChiTag 激活缓冲液，轻柔振荡。

（3）37℃ 孵育 1h。

6. DNA 提取。

7. PCR（1h），注意 PCR 之前增加一步 72℃，5min。

8. DNA 纯化。

9. 上机测序。

【注意事项】

1. 植物样本，推荐进行 ChIP-seq，其他物种推荐 CUT&Tag。

2. ConA 磁珠沉淀细胞可用低速离心代替。低速离心指 $600g$ 离心 3min，快速离心指＜$100g$ 离心 3s。

【实验材料】

CUT&Tag 试剂盒（#TD901/902）。

【思考题】

CUT&Tag 实验的原理是什么？

【参考文献】

Kaya-Okur HS, Wu SJ, Codomo CA, et al. 2019. CUT&Tag for efficient epigenomic profiling of small samples and single cells. Nat Commun, 10(1): 1930.

实验 2-5　甲醛辅助鉴定调控元件技术

【实验目的】

1. 掌握甲醛辅助鉴定调控元件技术实验的原理和操作步骤。

2. 根据操作步骤熟练进行实验操作并分析实验结果。

【实验原理】

甲醛辅助鉴定调控元件技术（formaldehyde-assisted isolation of regulatory elements，FAIRE）是利用甲醛对染色质进行交联，通过超声波对染色质开放区域进行切割。FAIRE 是近年来才建立的新技术，现被用于多种细胞，后续与新一代测序技术相结合。FAIRE-seq 是在全基因组范围内鉴定染色质可接近性，检测与调节活性相关的 DNA 序列的方法。

FAIRE 有下列优势：①甲醛处理之前无须对细胞进行任何处理，有利于捕获甲醛加入之前的染色质状态；② FAIRE 不依赖抗体和酶等其他蛋白，在这一点上优于 ChIP 和 DNase 技术；③可以分析任何类型细胞，包括野生型、突变型，或者转基因的细胞；④操作简便，耗费较低。FAIRE 技术的缺点：①检测背景较高，测序信号信噪比较低；②不同组织细胞甲醛交联固定时间不同，实验条件需要探索。

【实验步骤】

实验过程包括细胞或组织培养、甲醛交联、细胞裂解、超声波打断染色质，然后进行酚氯仿抽提制备水相 DNA、检测水相 DNA。

在酚氯仿抽提过程中，蛋白未交联的 DNA 溶于水相，而蛋白结合型 DNA 留在两相界面，从而把全基因组 DNA 分为两部分（即水相和有机相 DNA），然后对水相 DNA 进行检测，常用的检测方法有荧光定量 PCR、DNA 微阵列芯片、第二代测序技术等。

　　水相 DNA 制备及检测过程包括：设计扩增目的基因的一系列引物进行荧光定量 PCR 反应。由于实验过程存在超声波的剪切作用，跨越或者接近开放染色质末端的扩增显示出相对较低的富集效率。针对目的基因区域或者目的生物的全基因组，设计寡核苷酸探针长度为 50～70bp 的叠瓦式阵列（tiling array），探针之间的间隔尽可能不超过 100bp，以保持高分辨率。通常使用基因组分析系统（GA Ⅱ）来分析高通量测序数据。

【注意事项】

　　DNA 制备的注意事项如下：

　　1. 在制备 input DNA 过程中，要注意环境温度。如果温度较低，可能会引起沉淀，从而影响最终 DNA 的得率。解交联之前，由于在染色质溶液中加入了盐离子和 SDS，如果环境温度过低，SDS 容易引起沉淀，这时可在水浴锅旁边加样，或将温度控制在 23～25℃ 的环境中加样。

　　2. 有机相 DNA 热温浴之前，加入等量的 TE 缓冲液，并充分颠倒混匀，一般可见液体呈乳浊状。

　　3. 解交联后的有机相 DNA，经氯仿抽提除去微量酚。

　　4. 酚氯仿抽提过程中，离心后吸取上清液时，一次仅操作两个管子，避免时间延误，导致操作误差。

　　5. 酚氯仿抽提过程中，操作动作应轻柔，尽量减少 DNA 的损失。

【实验材料】

　　1. 37% 甲醛（Sigma，#F8775）。

　　2. 酚［生工生物工程（上海）股份有限公司，#A601971］。

　　3. 氯仿（Aldrich，#151823）。

　　4. 异丙醇［生工生物工程（上海）股份有限公司，#A507048］。

　　5. 3mol/L 乙酸钠（pH 5.2）［生工生物工程（上海）股份有限公司，#B300606］。

　　6. 细胞培养相关：细胞系、完全培养基等。

【思考题】

　　FAIRE 实验的原理是什么？

【参考文献】

李文茂, 贾东方, 许嵘. 2014. 基因组转录调控元件分析方法研究进展. 生物技术通报, 2014(10): 64-70.

Giresi PG, Lieb JD. 2009. Isolation of active regulatory elements from eukaryotic chromatin using FAIRE (Formaldehyde Assisted Isolation of Regulatory Elements). Methods, 48(3): 233-239.

Simon JM, Giresi PG, Davis IJ, et al. 2012. Using formaldehyde-assisted isolation of regulatory elements (FAIRE) to isolate active regulatory DNA. Nat Protoc, 7(2): 256-267.

实验 2-6 单细胞 ATAC-seq

【实验目的】

1. 掌握单细胞 ATAC-seq[①]实验的原理和操作步骤。

2. 根据操作步骤熟练进行实验操作并分析实验结果。

【实验原理】

单细胞运用高通量测序手段研究转座酶可接近的染色质实验（assay for transposase accessible chromatin with high throughput sequencing, ATAC-seq）是研究细胞染色质开放性的技术，可研究不同细胞染色质的活跃状态，并与其他技术结合，综合研究细胞异质性、细胞的发育和分化过程，为在单细胞水平研究基因调控提供新的思路。ATAC-seq 是 2013 年由美国斯坦福大学格林利夫（Greenleaf）开发，主要依赖于 Tn5（transposase 5）转座酶对片段化 DNA 和整合入活化的调控区域的高敏感性。2018 年梅茨格尔（Mezger）在 *Nature Communication* 上发表了单细胞 ATAC-seq 方法学。利用 Tn5 转座酶切割染色质的开放区域，并加上测序引物进行高通量测序，通过生物信息分析得到全基因组染色质开放图谱，鉴定 TF 结合位点和核小体区域位置。ATAC-seq 建库过程简单快捷，所需细胞数目少，能在很高的分辨率下解析染色质结构。同时，建库过程也不包含任何的片段长度筛选，可以同时检测开放的 DNA 区域和被核小体占据的区域。

Tn5 是一种最早在细菌中发现的转座酶，由若干抗性基因、转座酶基因以及两条反向的 IS50 元件组成，其中的一条 IS50 元件存在 19bp 的嵌合末端（mosaic end, ME）序列。研究发现，转座发生时，两个转座酶分子结合到 ME 序列，形成 Tn5 转座复合体，产生切割 DNA 的活性。最初 Tn5 转座酶被用于剪切 DNA 分子，并在 DNA 片段两端引入接头序列，经过 PCR 后构建二代测序文库。基于 Tn5 具有插入开放性染色质的偏好性，ATAC-seq 被发明并用于检测细胞核的开放染色质区域。

【实验步骤】

本实验采用 TruePrep® DNA Library Prep Kit V2 for Illumina 试剂盒。按照其说明书操作步骤如下：

1. 准备细胞，制备细胞悬液，细胞计数。

2. 裂解细胞获得细胞核。

3. 转座反应：在细胞核悬液中加 Tn5 转座酶进行转座反应，利用 Tn5 转座复合体对开放染色质区域进行酶切并纯化。

4. 利用扩增产物进行 PCR 扩增并纯化。

5. 构建测序文库，文库质检（凝胶电泳或者生物分析仪）合格后上机测序。

6. 生物信息学分析，获得待测开放染色质区域片段的序列信息。

---

① ATAC-seq 为 assay for transposase accessible chromatin with high-throughput sequencing 缩写。

【注意事项】

1. 使用正确的细胞数量用于转座是很重要的。一般建议使用 25 000～75 000 个细胞。使用太多或太少的细胞会导致消化过度或消化不足，降低文库的质量。此外，细胞的固定和剧烈的机械剪切趋于降低数据质量。

2. 本实验中采用的是 TruePrep® DNA Library Prep Kit V2 for Illumina 试剂盒（Vazyme，#TD501），也可选用 Nextera® DNA Library Preparation Kit（Illumina，#FC-131-1024），它提供了超活跃的 Tn5 转座酶和接头，可以创造一个活跃的二聚体转座体复合物。转座体裂解目标（基因组）DNA 并添加接头连接到 DNA 片段的 5′ 端。填补到单链间隙（由 72℃，5min 延伸得到）之后，接头用于有限的 PCR 扩增（5 个循环），通常包括识别码（barcode），它可以使后续测序中同时使用多个样本。标记后的 DNA 片段文库将使用侧翼 Nextera 引物进行有限的多余的扩增。

【实验材料】

1. TruePrep® DNA Library Prep Kit V2 for Illumina 试剂盒（Vazyme，#TD501）。
2. MinElute PCR Purification Kit（Qiagen，#28004）。
3. PCR 产物纯化试剂盒（Tiangen，#DP204）。

【思考题】

ATAC-seq 实验的原理是什么？

【参考文献】

Buenrostro JD, Giresi PG, Zaba LC, et al. 2013. Transposition of native chromatin for fast and sensitive epigenomic profiling of open chromatin, DNA-binding proteins and nucleosome position. Nat Methods, 10(12): 1213-1218.

Mezger A, Klemm S, Mann I, et al. 2018. High-throughput chromatin accessibility profiling at single-cell resolution. Nat Commun, 9(1): 3647.

Shashikant T, Ettensohn CA. 2019. Genome-wide analysis of chromatin accessibility using ATAC-seq. Methods Cell Biol, 151: 219-235.

实验 2-7　重亚硫酸盐全基因组甲基化测序

【实验目的】

1. 掌握重亚硫酸盐全基因组甲基化测序实验的原理和操作步骤。
2. 根据操作步骤熟练进行实验操作并分析实验结果。

【实验原理】

重亚硫酸盐处理能够将基因组中未发生甲基化的 C 碱基转换成 U，进行 PCR 扩增后变成 T，与原本具有甲基化修饰的 C 碱基区分开来。能覆盖全基因组的 DNA 甲基化研究是表观基因组学最为关注的内容之一。获得全基因组范围内所有 C 位点的甲基化水平数据，对表观遗传学的时空特异性研究具有重要意义。重亚硫酸盐全基因组甲基化测序以新一代高通量测序平台为基础,结合生物信息数据分析技术,进行低成本、高效率、高准确度的全基因组DNA甲基化水平图谱绘制。特定物种的高精确度甲基化修饰模式的分析,必将在表观基因组学研究中具有里程碑式的意义,并且为细胞分化、组织发育等基础机制研究,以及动植物育种、人类健康与疾病研究奠定基础。

【实验步骤】

1. DNA提取。按照DNeasy Blood & Tissue Kit说明书进行DNA提取,操作步骤如下:

(1)在剪好的动物组织(脾组织用量应少于10mg,其他部位组织应小于25mg)中加入去离子水处理为细胞悬液,然后10 000r/min离心1min,弃上清液。

(2)重复加入去离子水处理为细胞悬液,然后10 000r/min离心1min,弃上清液。

(3)加180μl缓冲液ATL,20μl蛋白酶K,振荡混匀,放入56℃水浴锅中至完全消化,消化期间振荡摇匀有利于消化完全。

(4)消化完全后,在继续下一步之前先振荡15s。

(5)加200μl缓冲液AL,漩涡振荡混匀。

(6)加96%~100%浓度乙醇200μl,漩涡振荡混匀。

(7)将上述混合物用移液枪全部转移至离心柱中,离心柱放入2ml回收管中,以8000r/min离心1min,弃去液体。

(8)将离心柱放入一个新的2ml回收管中,加500μl缓冲液AW1,以8000r/min离心1min,弃上清液。

(9)将离心柱放入一个新的2ml回收管中,加500μl缓冲液AW2,以14 000r/min离心3min,弃去液体和回收管。

(10)将离心柱转移至新的1.5ml离心管中。

(11)加200μl缓冲液AE来洗脱DNA,将缓冲液AE加到膜中心,室温下放置1min,再以10 000r/min离心1min。

(12)重复步骤(11)增加DNA洗脱量。

(13)电泳检测DNA浓度及DNA完整性,检测合格后进入建库流程,构建好文库后还需通过文库质控合格,测序平台为Illumina HiSeq,测序策略为PE150,测序深度为30%。

2. 基因组DNA超声打断至100~500bp的片段。

3. DNA片段末端修复、3'端加A碱基,连接测序接头。

4. 采用EZ DNA Methylation-Gold Kit进行重亚硫酸盐处理。

5. 脱盐处理,PCR扩增后进行文库片段大小的选择。

6. 合格的文库用于上机测序。

7. 对测序结果进行生物信息学分析。

可以进行如下信息分析:Bisulfite-seq序列与参考序列的比对,C碱基测序深度的累积分布,不同序列测序深度下的基因组覆盖度,计算C碱基的甲基化水平,全基因组甲基化数据分布趋势,全基因组DNA甲基化图谱,差异甲基化区域(differentially methylated region, DMR)分析等,如图2-2所示。

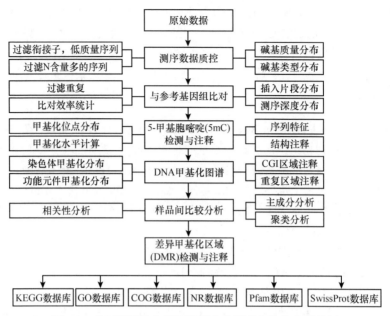

图 2-2　重亚硫酸盐全基因组甲基化测序生物信息学分析

【注意事项】

1. 冷冻组织需冻融到室温后再进行 DNA 提取。

2. DNA 提取时，离心步骤均在室温（15~25℃）进行。

3. 借助 Illumina 二代高通量测序平台，对测序策略和测序深度等参数都有要求。应按照具体实验要求选择合适的参数。

【实验材料】

1. DNeasy Blood & Tissue Kit（Qiagen，#69506）。

2. EZ DNA Methylation-Gold Kit（ZYMO Research，#D5005）。

【思考题】

1. 重亚硫酸盐全基因组甲基化测序的原理是什么？

2. 重亚硫酸盐全基因组甲基化测序可以区分甲基化和羟甲基化吗？如何区分？

【参考文献】

Bird A P. 1995. Gene number, noise reduction and biological complexity. Trends Genet, 11(3): 94-100.

Boyes J, Bird A. 1992. Repression of genes by DNA methylation depends on CpG density and promoter strength: evidence for involvement of a methyl-CpG binding protein. EMBO J, 11(1): 327-333.

Suzuki M M, Bird A. 2008. DNA methylation landscapes: provocative insights from epigenomics. Nat Rev Genet, 9 (6): 465-476.

Zilberman D, Gehring M, Tran R K, et al. 2007. Genome-wide analysis of *Arabidopsis thaliana* DNA methylation uncovers an interdependence between methylation and transcription. Nat Genet,, 39(1): 61-69.

（王　娟　张　陈）

第三章　非编码 RNA 分析

概　　述

一、非编码 RNA 概述

随着人类基因组计划的完成，科学家发现在人基因组的 30 亿个碱基对中，97% 以上的基因组序列含有非蛋白质编码 DNA，仅有不到 2% 的 DNA 序列编码蛋白质。随着二代测序和 RNA 测序技术平台的建立，人们发现，尽管这些非编码序列不编码蛋白质，但仍然是可以表达的，其表达产物即为非编码 RNA（non-coding RNA，ncRNA）。这些 ncRNA 在生物体的正常生命活动和疾病发生、发展过程中具有重要的作用。

ncRNA 种类很多，线性 ncRNA 按照长度可以分为三类：①大于 200nt 的非编码 RNA，包括核糖体 RNA（rRNA）和长链非编码 RNA（lncRNA）；② 40～200nt 的非编码 RNA，如转移 RNA（tRNA）、核仁小 RNA（small nucleolar RNA，snoRNA）和核小 RNA（small nuclear RNA，snRNA）；③长度小于 40nt 的非编码 RNA，如微 RNA（microRNA，miRNA）、与 Piwi 蛋白相互作用的 piRNA（Piwi-interaction RNA，piRNA）和 tRNA 来源的小片段 RNA（tRNA-derived fragments，tRFs）。另外，还有一种非线性 ncRNA，即环形 RNA（circular RNA，circRNA）。

ncRNA 也可以按照功能分为管家 ncRNA（housekeeping ncRNA）和调节 ncRNA（regulatory ncRNA）（表 3-1）。前者是细胞生存所必需的，含量较为恒定，组成型表达，也称为组成型 ncRNA。后者的表达有明显的时空特异性，通常短暂表达，对转录、翻译等过程起调节作用。本章重点介绍三种调节 ncRNA——miRNA、lncRNA 和 circRNA 及其研究思路。

表 3-1　按照功能 ncRNA 的分类

类型	缩写	全称
管家 ncRNA	rRNA	ribosomal RNA
	tRNA	transfer RNA
	snRNA	small nuclear RNA
	snoRNA	small nucleolar RNA
	TERC	telomerase RNA component
	tRFs	tRNA-derived fragments
	tiRNA	tRNA halves

续表

类型	缩写	全称
调节 ncRNA	miRNA	microRNA
	siRNA	small interfering RNA
	piRNA	Piwi-interacting RNA
	eRNA	enhancer RNA
	lncRNA	long non-coding RNA
	circRNA	circular RNA
	Ro RNP（Y RNA）	Ro ribonucleoprotein

二、miRNA

miRNA 是一种长度为 18～25nt 的内源性非编码 RNA。miRNA 的表达具有高度保守性、时序性和组织特异性。miRNA 与靶基因通过碱基互补配对，抑制靶基因 mRNA 的翻译或使 mRNA 降解。一个 miRNA 可以靶向多个不同的 mRNA，很多 miRNA 对标靶的影响不超过 50%。miRNA 调控了几乎所有生命过程，在人类和其他哺乳动物中，约 60% 的基因受 miRNA 调控。深入了解某一组织细胞特异表达 miRNA 的功能，对于了解该组织细胞的生长发育、生理功能及相关疾病具有重要意义。其基本研究思路包括：寻找、确认研究对象，miRNA 靶点分析，miRNA 功能研究（图 3-1）。

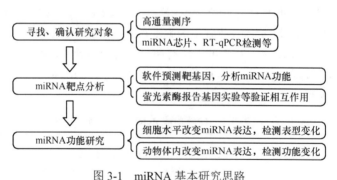

图 3-1 miRNA 基本研究思路

（一）寻找、确认研究对象

通过 miRNA 的 RT-qPCR 检测、miRNA 表达谱芯片检测等方法寻找样本中差异表达或者共表达的 miRNA 作为研究对象。

（二）miRNA 靶点分析

确定研究对象后，在对其进行功能分析之前，需要进行靶点分析，预测 miRNA 调控的基因。一种方法是，首先利用 TargetScan（https://www.targetscan.org/vert_7/）、miRcode（http://www.mircode.org/index.php）、RNA22（https://cm.jefferson.edu/rna22-

full-sets-of-predictions/）等多种算法软件预测靶基因。基于 miRNA 的靶基因信息，分析 miRNA 的功能，利用 mirPath、KEGG Pathway 分析和 GO 富集分析等预测 miRNA 参与的生物通路和功能，再结合文献确定几个感兴趣而且预测评分较高的靶基因，通过萤光素酶报告基因实验（实验 2-1）、过表达和敲减 miRNA 后检测可能靶基因的 mRNA 和蛋白水平等系列实验，进一步缩窄潜在靶基因的范围，最终确定该 miRNA 对特定靶基因的调控作用。

此外，还可以基于高通量测序结果预测 miRNA 靶基因。基于 AGO 蛋白的高通量交联免疫共沉淀 RNA 测序（high-throughput sequencing of RNA isolated by cross-linking immunoprecipitation，HITS-CLIP），是通过紫外交联将 RNA 结合蛋白与体内结合的 RNA 分子进行固定，用 AGO 蛋白的抗体免疫共沉淀之后，酶解未受蛋白保护的 RNA，可以获得 AGO 蛋白直接结合的 RNA 序列。该技术能够在全基因组范围内鉴定与 AGO 蛋白结合的小 RNA 及其 mRNA 靶标，但要想明确检测区域被哪个 miRNA 调控，还需结合预测算法。目前，预测 miRNA 靶基因越来越需要整合功能信息、蛋白质互作信息、表达信息、序列信息以及当前实验证实的 miRNA 靶基因等已有资源，而单一依靠序列信息或表达信息已不能有效提高 miRNA 靶基因的预测效能。

（三）miRNA 功能研究

miRNA 功能研究通常在细胞内或体内进行，与细胞表型（如细胞增殖、细胞凋亡、细胞迁移等）和基因表达分析相结合。进行功能分析时，需要人为干预细胞或动物体内 miRNA 的表达水平。可利用真核表达载体、腺病毒或慢病毒表达或干扰载体以及人工合成的 miRNA 模拟物（mimic）和抑制物（inhibitor）在细胞内特异性地过表达或者沉默某 miRNA，从而观察 miRNA 表达改变时细胞表型的变化。miRNA 的体内功能分析主要利用化学合成的胆固醇修饰的 miRNA 激动剂（agomist）和 miRNA 拮抗剂（antagomist），干预动物体内的 miRNA 表达水平，观察相关功能的改变。

三、长链非编码 RNA

lncRNA 是一类转录长度大于 200nt，蛋白编码能力有限的 RNA。lncRNA 具有非常重要的调控功能，与多种疾病的发生发展紧密相关。lncRNA 的生成与 mRNA 的生物合成类似，由 RNA 聚合酶 II 转录而成，通常位于核内，lncRNA 的表达受到转录、转录后等多层面的调控，因此同一基因可以形成不同的转录本的 lncRNA。大多数 lncRNA 被认为是处于低进化压力的，只有少数 lncRNA 在物种之间相当保守，可调控一些共有的信号通路。虽然 lncRNA 保守性低，但其丰度高，在编码和非编码序列间散在或重叠分布，多数 lncRNA 的表达具有组织特异性和时空特异性。

虽然有很多 lncRNA 在人类基因组中表达，但只有少数的 lncRNA 在功能上得到了鉴定。① lncRNA 可以分别作为信号、诱饵、向导或支架发挥其生物学功能。通过这些机制，lncRNA 从表观遗传学、转录调控、转录后调控以及蛋白活性调控等各层面调控靶基因。从生物体的角度而言，利用 RNA 进行转录调控是具有明显优势的，由于不涉及蛋白质的翻译，因此具有更好的调节速度，对于机体的某些急性反应可以做出更迅速的响应。②"诱饵 lncRNA"通过基于序列的竞争性结合分子发挥作用。lncRNA 作为 miRNA 分子海绵能够降低 miRNA 对靶基因的抑制作用。③"向导 ln-cRNA"能够与转录因子结合，招募这些蛋白到达特定的基因位点。很多 lncRNA 能够作为向导，通过栓系在染色质上使蛋白质复合物，如 RNA 聚合酶 Ⅱ、多梳蛋白抑制复合物 2 与染色质的结合更加容易。④ lncRNA 可以作为"支架"，介导蛋白和非编码 RNA 的物理相互作用，即起到一个"中心平台"的作用，使多个相关的转录因子都可以结合在这个 lncRNA 分子上。在机体或细胞中，当多条信号通路同时被激活后，这些下游的效应分子可以结合到同一条 lncRNA 分子上，实现不同信号通路之间的信息交汇和整合，有利于机体或细胞迅速对外界信号和刺激产生反馈和调节。

lncRNA 的基本研究思路包括：寻找、确认研究对象，lncRNA 靶点分析，lncRNA 分子表型研究，lncRNA 调节表型的机制研究（图 3-2）。具体如下：

1. 寻找、确认研究对象 通过 lncRNA 芯片或 RNA-seq 测序等方法对多种疾病模型和对照样本组织进行 lncRNA 表达谱分析或者通过生物信息学的方法筛选出具有表达差异的 lncRNA。

2. lncRNA 靶点分析 通过使用 starBase 预测或者 MEM 构建共表达网络，预测 lncRNA 的靶基因，然后基于靶基因信息，进行 KEGG Pathway 分析和 GO 富集分析预测 lncRNA 潜在的功能。

3. lncRNA 分子表型研究 通过构建 lncRNA 过表达载体以及 siRNA、shRNA、反义核酸等方法沉默 lncRNA，干预 lncRNA 后检测其对疾病相关基因表达的影响和对增殖、凋亡、侵袭、转移等细胞表型的影响，在细胞水平对其功能、分子表型进行研究。

4. lncRNA 调节表型的机制研究 通过 RNA pull-down、RNA-RIP、ChIRP-seq 等方法检测与 lncRNA 结合的 DNA、RNA、蛋白质及其相互作用，进行机制研究，如研究 lncRNA 与 miRNA 的相互作用，构建由 lncRNA、miRNA 以及靶点基因组成的竞争性内源 RNA（competitive endogenous RNA，ceRNA）调控网络。

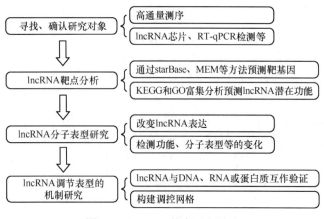

图 3-2 lncRNA 基本研究思路

此外，文献中也常常提到 ceRNA。ceRNA 并不是一种新的 RNA 分子类型，而是一种调控机制，通常指 mRNA、lncRNA、circRNA 等 RNA 分子竞争性结合 miRNA 的作用方式。当 miRNA 被 lncRNA 或 circRNA 竞争性结合时，受 miRNA 调控的 mRNA 转录水平会上升。

四、环状 RNA

环状 RNA（circular RNA，circRNA）是一类不具有 5′ 端帽子和 3′ 端 poly A 尾巴、由常规基因经过剪切，并以共价键形成环形结构的客观存在于生物体内的 ncRNA 分子。circRNA 由特殊可变剪切产生，多数来源于外显子，存在于真核细胞质，少部分来源于内含子。circRNA 呈闭合环状结构，不易被核酸外切酶降解，比线性 RNA 更加稳定，其表达水平具有种属、组织、时间特异性。circRNA 具有一定的序列保守性，可以在转录水平或转录后水平发挥调控作用，也有少数 circRNA 可以翻译为多肽。

1971 年科学家在对马铃薯纺锤块茎病的研究中发现了 circRNA 分子，后来在电子显微镜下观察到真核细胞细胞质中 circRNA 的存在。但直到 2012 年，随着高通量测序技术的发展，更多 circRNA 才陆续被发现，其功能研究也逐步深入。circRNA 是正常细胞分化和组织稳态以及疾病发生、发展的重要参与者，而且 circRNA 的表达通常不与宿主基因表达相关。这表明 circRNA 不仅是 mRNA 剪接的稳态副产物，也是新型调控的可变剪接的产物。目前，普遍认为 circRNA 具有如下三类功能：①作为 miRNA 分子海绵：circRNA 含有大量的 miRNA 结合位点，具有 miRNA 分子海绵作用，进而间接调控 miRNA 下游靶基因的表达。例如，ciRS7，它作为 miR-7 的分子海绵，含有超过 70 个 miR-7 的保守结合位点。ciRS7 在人体的许多组织中稳定表达，通过抑制 miR-7 活性来增加 miR-7 靶基因的表达水平。②与蛋白质相互作用：有些 circRNA 上有一个或者多个 RNA 结合蛋白的结合位点，可作为蛋白分子的海绵；某些 circRNA 可以作为蛋白支架促进酶和底物的共区域化，或者招募特定蛋白到某一特定的细胞局部发挥作用。特异性蛋白质与细胞质中的多个 circRNA 的协同结合，可以创建一个蛋白质的分子池，从而对细胞外刺激做出迅速反应，这类情况可见于在病毒感染时的免疫响应。③编码功能：有少数 circRNA 可以编码多肽，通过该多肽行使调控功能。

circRNA 的研究思路如下：①通过 RNA-seq、文献查阅，确立某 circRNA 为研究靶分子，然后通过 PCR、一代测序及生物信息分析等方法确认该 circRNA 的序列组成，通过荧光原位杂交（fluorescence *in situ* hybridization，FISH）确定 circRNA 的细胞定位（位于细胞核和位于胞质的 circRNA 的功能有明显不同）。对 circRNA 进行 FISH 实验十分必要。②如果研究对象是核内的 circRNA，通过 RNA 纯化的染色质分离技术（chromatin isolation by RNA purification，ChIRP），检测与 RNA 绑定的 DNA 和蛋白质分子。通过生物信息学分析、免疫实验等明确分子间的相互作用关系，形成机制图。③如果 circRNA 定位于胞质，则考虑该 circRNA 更多参与了转录后调控，通过 RNA pull-down 实验，寻找与之相互作用的分子。如果在互作分子中发现了翻译相关的蛋白，提示该 circRNA 可能有编码多肽的功能，此时可通过软件预测 ORF，通过质谱、蛋白印迹，找到其编码的多肽。如果在互作分子中发现了 Ago2（Argonaute-2），提示该 circRNA 可能对 miRNA 有调节作用，可通过生物信息分析或者 Pull-down 实验，寻找其调控的 miRNA，然后再进一步预测相关 miRNA 的靶基因和功能。④找到了分子水平的机制后，再在细胞、动物水平进行验证。

目前，circRNA 作为 miRNA 分子海绵的机制的研究是比较成熟的，但是验证了一个作用未知的 circRNA 后，一厢情愿地朝着建立 ceRNA 网络方向研究是不可取的。已经有学者提出 circRNA 的 miRNA 分子海绵作用不是 circRNA 的普遍作用，证明二者存在相互作用的实验证据分三个级别：萤光素酶报告实验结果为三级证据，RNA 反义纯化（RNA antisense purification，RAP）实验结果为二级证据，Ago2-RIP/CLIP 实验结果为一级证据。

RAP 方法是利用针对目的 RNA 设计的互补生物素探针组，将目的 RNA 和与其有共同作用的其他 RNA、蛋白质分子同时拉下来、纯化获取，然后通过测序、qPCR 验证互作 RNA 分子，或者通过蛋白印迹、质谱分析鉴定互作蛋白。具体应用在 circRNA 与 miRNA 互作研究时，RAP 是用 circRNA 的反向互补探针组去拉靶 circRNA 的同时，将结合在 circRNA 上的 miRNA（和蛋白质）拉下来，做测序或者 qPCR。

Ago2-RIP/CLIP 实验结果为一级证据，Ago2 是引导 miRNA 对 mRNA 进行剪切或抑制其翻译活性的关键调控因子，是 RNA 诱导沉默复合物（RISC）的核心组分，联系着 miRNA 和它们的 mRNA 靶位点。以 Ago2 蛋白为核心，通过 RNA 免疫沉淀（RNA immunoprecipitation，RIP）技术、交联和免疫沉淀（cross-linking and immuno-precipitation，CLIP）技术，检测与 Ago2 相互作用的 RNA，得到全转录组范围内与 Ago2 互作的 RNA 信息，评估 circRNA 和 miRNA 互作深度。总之，仅靠生物信息学预测和萤光素酶报告实验结果并不能充分证明 circRNA 和 miRNA 的相互作用。

【参考文献】

李斌, 郭燕华, 徐辉, 等. 2013. MicroRNA 与细胞信号通路的相互作用. 生物化学与生物物理进展, 7: 593-602.

李桂源, 武明花, 周鸣. 2014. 非编码 RNA 与肿瘤. 北京: 科学出版社, 2-17.

李明振, 张铭, 明镇寰. 2004. Junk DNA 的功能诠释. 生物化学与生物物理进展, 6: 479-481.

Cabili MN, Trapnell C, Goff L, et al. 2011. Integrative annotation of human large intergenic noncoding RNAs reveals global properties and specific subclasses. Genes Dev, 25(18): 1915-1927.

Fatica A, Bozzoni I. 2014. Long non-coding RNAs: new players in cell differentiation and development. Nat Rev Genet, 15(1): 7-21.

Friedman RC, Farh KH, Burge CB, et al. 2009. Most mammalian mRNAs are conserved targets of microRNAs. Genome Res, 19(1): 92-105.

Geisler S, Coller J. 2013. RNA in unexpected places: long non-coding RNA functions in diverse cellular contexts. Nat Rev Mol Cell Biol, 14(11): 699-712.

Gudenas BL, Wang J, Kuang SZ, et al. 2019. Genomic data mining for functional annotation of human long noncoding RNAs. J Zhejiang Univ Sci B, 20(6): 476-487.

Hansen TB, Jensen TI, Clausen BH, et al. 2013. Natural RNA circles function as efficient microRNA sponges. Nature, 495(7441): 384-388.

Jeck WR, Sharpless NE. 2014. Detecting and characterizing circular RNAs. Nat Biotechnol, 32(5): 453-461.

Kristensen LS, Andersen MS, Stagsted LVW, et al. 2019. The biogenesis, biology and characterization of circular RNAs. Nat Rev Genet, 20(11): 675-691.

Lewis BP, CB Burge, DP Bartel. 2005. Conserved seed pairing，often flanked by adenosines，indicates that thousands of human genes are microRNA targets. Cell, 120(1): 15-20.

Li HM, Ma XL, Li HG. 2019. Intriguing circles: Conflicts and controversies in circular RNA research. Wiley Interdiscip Rev RNA, 10(5): e1538.

Lu Y, Li Z, Lin C，et al. 2021. Translation role of circRNAs in cancers. J Clin Lab Anal, 35(7): e23866.

Pan J, Meng X, Jiang N, et al. 2018. Insights into the noncoding RNA-encoded peptides. Protein Pept Lett, 25(8): 720-727.

Raj A, Wang SH, Shim H, et al. 2016. Thousands of novel translated open reading frames in humans inferred by ribosome footprint profiling. Elife, 5: e13328.

Salzman J, Gawad C, Wang PL, et al. 2012. Circular RNAs are the predominant transcript isoform from hundreds of human genes in diverse cell types. PLoS One, 7(2): e30733.

Thomson DW, Dinger ME. 2016. Endogenous microRNA sponges: evidence and controversy. Nat Rev Genet, 17(5): 272-283.

Werner MS, Ruthenburg AJ. 2015. Nuclear fractionation reveals thousands of chromatin-tethered noncoding RNAs adjacent to active genes. Cell Rep, 12(7): 1089-1098.

Wu P, Zuo X, Deng H, et al. 2013. Roles of long noncoding RNAs in brain development, functional diversification and neurodegenerative diseases. Brain Res Bull, 97: 69-80.

Zhang PJ，Wu WY，Chen Q, et al. 2019. Non-coding RNAs and their integrated networks. J Integr Bioinform, 16(3): 20190027.

实验 3-1　长非编码 RNA（lncRNA）靶基因预测及功能分析

【实验目的】

1. 学会利用 starBase、MEM 在线数据库，预测 lncRNA 靶基因的方法。

2. 学会利用 DAVID 在线工具，分析 lncRNA 功能的方法。

【实验原理】

lncRNA 分别作为信号、诱饵、向导或支架发挥其生物学功能。lncRNA 生物信息分析相关网站包括 starBase V3.0、MEM、DAVID 等。starBase V3.0 版现已更名为 ENCORI（The Encyclopedia of RNA Interactomes），该网站主要是通过高通量的数据寻找潜在的 miRNA-ncRNA、miRNA-mRNA、ncRNA-RNA、RBP-ncRNA 以及 RBP-mRNA 的相互作用。starBase V3.0 还可以通过对 RNA-RNA 和 RBP-RNA 相互作用进行泛癌症分析。starBase V3.0 还允许平台对 miRNA、lncRNA、mRNA、伪基因等进行生存和差异表达分析，功能非常强大。

MEM（Multi Experiment Matrix）是一个基于 web 的多实验基因表达查询和可视化工具，它从 ArrayExpress 数据库中收集了数百个公开可用的基因表达数据集。MEM 通过共表达的方法，预测 lncRNA 可能的靶基因。

DAVID（Database for Annotation，Visualization and Integrated Discovery）是一个生物信息数据库，整合了生物学数据和分析工具，为大规模的基因或蛋白列表（成百上千个基因 ID 或者蛋白 ID 列表）提供系统综合的生物功能注释信息，帮助用户从中提取生物学信息。

本实验以 lncRNA-HOTAIR 为例，进行 HOTAIR 靶基因预测和功能分析。

【实验步骤】

1. starBase 预测 lncRNA 靶基因

（1）进入 starBase V3.0 主界面（https://starbase.sysu.edu.cn/），在 "RBP-Target" 栏目下，选择 "RBP-lncRNA"（图 3-3），然后进入新的界面（图 3-4）。

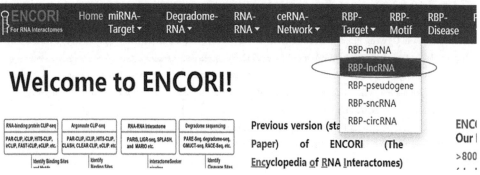

图 3-3　starBase 主页面

（2）在图 3-4 左侧方框处进行相应设置，并输入需要预测靶基因的 lncRNA 名称。"Clade" 选择待预测靶基因的 lncRNA（本次实验预测对象为 HOTAIR）所在进化分支，"Genome" 选择在什么种属的基因组预测，"Assembly" 选择基因组版本，"RBP" 选项指通过这个模块也可以预测某个已知的蛋白质分子可能被哪些 lncRNA 结合。由于本次实验目的仅仅是预测 HOTAIR 的靶基因，因此这一栏可以不填。"CLIP Data" 意为选择支持预测结果的实验数目，一般选择默认选项，但也可以根据结果自己调整，选项越严格，预测靶基因数越少，但可能更可靠，本实验选择 "Low stringency >=1"。"Pan-Cancer" 选择癌症类型数量，如果不要求在特定的疾病相关数据中寻找靶基因，这一项可以不选。"Target Gene" 选项填写打算预测靶基因的 lncRNA 名称，这里填 "HOTAIR"，然后点击 "submit"。

The RBP-lncRNA Interactions Supported by CLIP-seq Data

RBP	GeneID	GeneName	GeneType	ClusterNum	ClipExpNum	ClipSiteNum	HepG2(log2FC)	K562(log2FC)	Pan-Cancer
SRSF1	ENSG00000251562	MALAT1	lincRNA	131	12	466	1.166	-0.907	20
U2AF2	ENSG00000251562	MALAT1	lincRNA	83	12	329	NA	NA	19
IGF2BP3	ENSG00000251562	MALAT1	lincRNA	74	11	333	1.234	-1.394	8
TAF15	ENSG00000251562	MALAT1	lincRNA	127	10	497	1.475	1.212	20
HNRNPC	ENSG00000251562	MALAT1	lincRNA	70	10	226	NA	NA	20
IGF2BP2	ENSG00000251562	MALAT1	lincRNA	84	9	247	1.359	NA	12

图 3-4　输入 lncRNA 的页面

（3）显示预测结果，如图 3-5 所示，点击 "download" 的 "EXCEL"，保存预测结果，文件名默认为 ENCORI_hg19_CLIP-seq_RBP-RNA_all_HOTAIR，本实验简称其为文件 1。

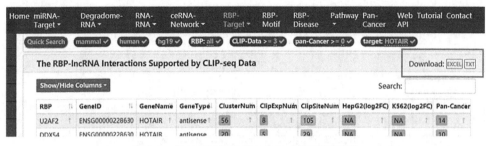

图 3-5　starBase 预测 HOTAIR 的靶基因结果

2. MEM 预测 lncRNA 靶基因

（1）进入 MEM 主页（https://biit.cs.ut.ee/mem/index.cgi）（图 3-6）。

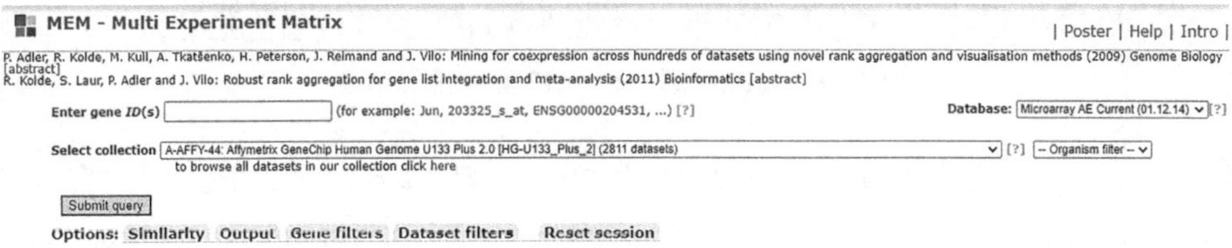

图 3-6　MEM 主页面

（2）在"Enter gene ID（s）"栏，输入待查询靶基因的 lncRNA 名称，本实验输入"HOTAIR"；在"Database"栏目，通常选择年份最近的 Array 数据库或者是 RNA-seq 数据库；"Select collection"栏，根据种属通常选择数据集最多的集合；在"Submit query"按钮下方的"Output"栏可以设置导出靶基因的数目（图 3-7），默认值为 50，表示靶基因只输出排名靠前的 50 个基因，该栏可按研究需要更改，本实验 output limit 为"80"。其余栏通常不变，默认值即可。最后点击"Submit query"，等待预测结果。

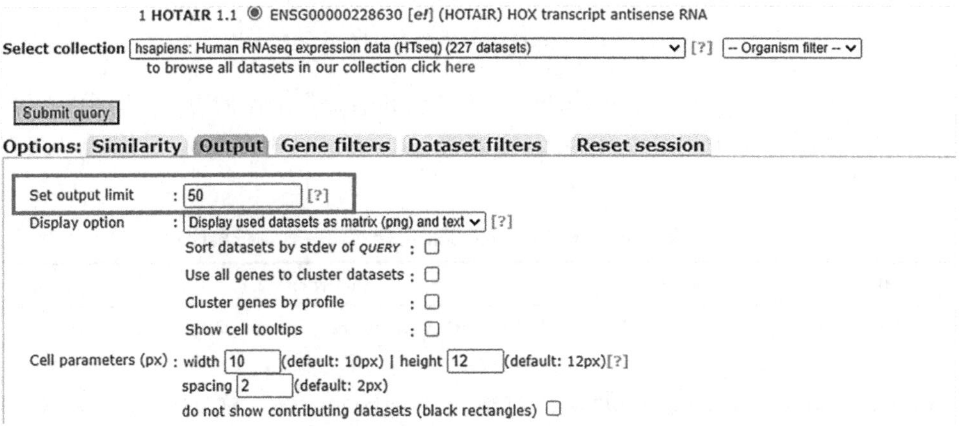

图 3-7　MEM 预测 HOTAIR 靶基因设置

（3）预测结果如图 3-8 所示，继续下拉网页，能够看到文本版的结果输出，如图 3-9 所示，可以将文本复制粘贴到 Excel 文件，本实验简称其为文件 2。

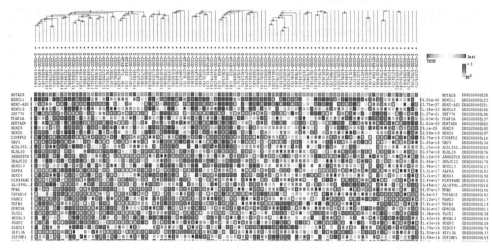

图 3-8　MEM 预测 HOTAIR 靶基因的结果

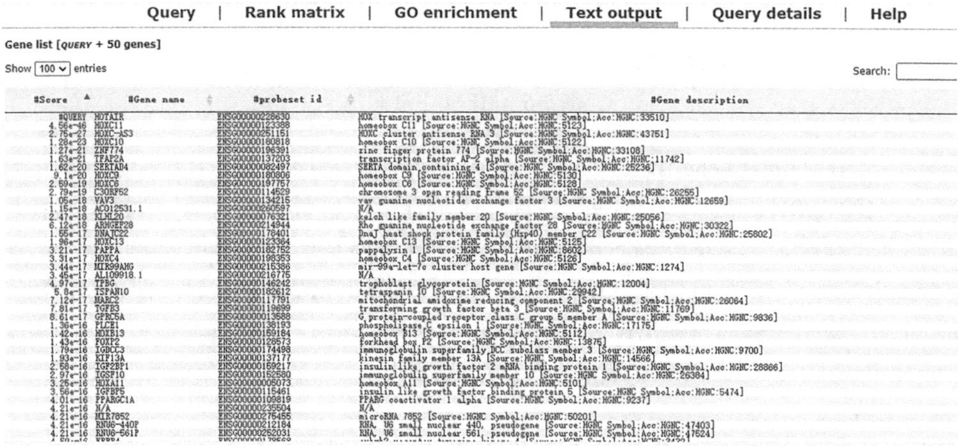

图 3-9　以列表形式展示的预测 HOTAIR 的靶基因

（4）这里需要注意的是："Database"与"Collection"的不同组合，对于同一个 lncRNA 会输出不同的靶基因预测结果，如表 3-2 所示（其中文件 3 的制作方法与文件 2 相同）。

表 3-2　不同 Database 与 Collection 组合对同一查询结果比较

Gene ID	Database	Collection	Text output
HOTAIR	RNA seq AE Current（05.05.15）	Human RNA seq expression data（HTseq）（227 datasets）	文件 2
HOTAIR	microarray AE Current（01.12.14）	Affymetrix Genechip Human Genome U33 Plus 2.0（HG_U33_Plus_2）（2811 datasets）	文件 3

3. 将 starBase 的预测结果和 MEM 的预测结果取交集，即取文件 1、文件 2 和文件 3 任意两个的交集。利用 Jvenn 在线工具绘制 venn 图，发现三者没有共同的交集，文件 2 和文件 3 有 10 个靶基因相同，文件 1 和文件 2 有 1 个靶基因相同，如图 3-10 所示。

将预测结果有重叠的 11 个基因名另存为文件 4，接下来利用 DAVID 在线工具作 HOTAIR 的靶基因的 GO 聚集分析如下。

4. 利用 DAVID 在线工具，对预测结果有重叠的 11 个基因进行功能注释。

（1）打开 DAVID 在线工具主页（https://david.ncifcrf.gov/home.jsp）（图 3-11），点击"Start Analysis"—"Upload"进入新界面，如图 3-12 所示。

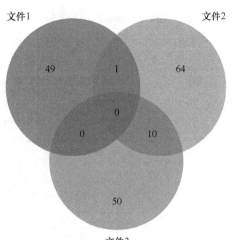

图 3-10　MEM 和 starBase 预测 HOTAIR 靶基因的交集分析

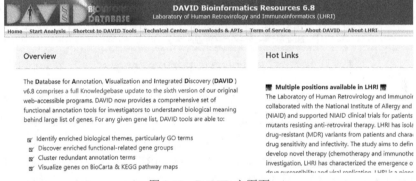

图 3-11　DAVID 主页面

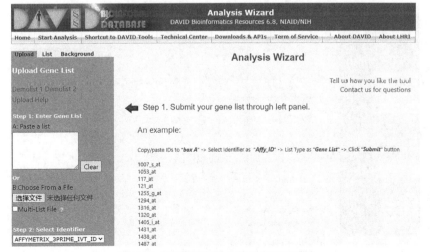

图 3-12　基因列表输入的 DAVID 页面

（2）"Enter Gene List"选项中，粘贴步骤3中获得的交集靶基因的SYMBOL ID作为输入文件；"Select Identifiter"选项中，选择"OFFICIAL_GENE_SYMBOL"作为输入基因ID名称；"List Type"选项中，选择"Gene List"（图3-13）。

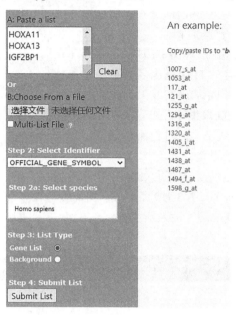

图3-13　预测HOTAIR靶基因的列表输入

（3）点击"Submit List"选项，进入新界面（图3-14）。本实验关注的是靶基因的功能注释，所以选择"Functional Annotation Tool"的"Chart"选项。进入新界面（图3-15）后，在该界面首先取消"Check Defaults"选项，点击"Gene_Ontology（3 selected）"下拉选项；分别选择"GOTERM_BP_DIRECT""GOTERM_CC_DIRECT""GOTERM_MF_DIRECT"三个选项；最后点击"Function Annotation Chart"选项，得到最终富集分析结果（图3-16）。

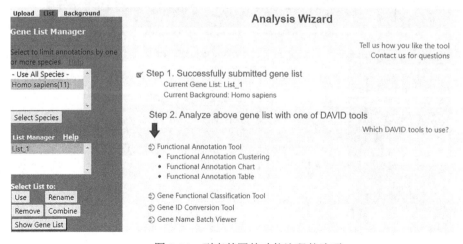

图3-14　列表基因的功能注释的选项

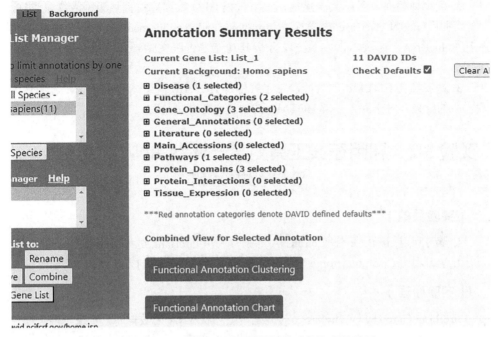

图 3-15 预测 HOTAIR 靶基因的功能注释的结果

Functional Annotation Chart

Current Gene List: List_1
Current Background: Homo sapiens
11 DAVID IDs
⊞ Options

| Rerun Using Options | Create Sublist |

14 chart records

🔲 Download File

Sublist	Category	Term	RT	Genes	Count	%	P-Value	Benjamini
☐	GOTERM_BP_DIRECT	anterior/posterior pattern specification	RT	▬▬▬▬	7	63.6	2.7E-13	1.3E-11
☐	GOTERM_MF_DIRECT	sequence-specific DNA binding	RT	▬▬▬▬	7	63.6	2.2E-8	3.4E-7
☐	GOTERM_BP_DIRECT	proximal/distal pattern formation	RT	▬▬	3	27.3	5.5E-5	1.3E-3
☐	GOTERM_CC_DIRECT	nucleus	RT	▬▬▬▬▬	9	81.8	4.0E-4	7.2E-3
☐	GOTERM_BP_DIRECT	transcription, DNA-templated	RT	▬▬▬▬	6	54.5	8.8E-4	1.4E-2
☐	GOTERM_BP_DIRECT	skeletal system development	RT	▬▬	3	27.3	1.8E-3	2.2E-2
☐	GOTERM_BP_DIRECT	regulation of transcription, DNA-templated	RT	▬▬▬	5	45.5	3.3E-3	3.3E-2
☐	GOTERM_BP_DIRECT	embryonic skeletal joint morphogenesis	RT	▬	2	18.2	5.2E-3	4.0E-2
☐	GOTERM_BP_DIRECT	organ induction	RT	▬	2	18.2	5.7E-3	4.0E-2
☐	GOTERM_BP_DIRECT	metanephros development	RT	▬	2	18.2	1.3E-2	7.8E-2
☐	GOTERM_BP_DIRECT	embryonic limb morphogenesis	RT	▬	2	18.2	1.9E-2	1.0E-1
☐	GOTERM_BP_DIRECT	multicellular organism development	RT	▬▬	3	27.3	2.4E-2	1.2E-1
☐	GOTERM_BP_DIRECT	embryonic digit morphogenesis	RT	▬	2	18.2	2.0E-2	1.2E-1
☐	GOTERM_BP_DIRECT	anatomical structure morphogenesis	RT	▬	2	18.2	4.3E-2	1.8E-1

图 3-16 预测 HOTAIR 靶基因的 GOTERM

【思考题】

1. starBase 和 MEM 预测 lncRNA 靶基因的原理是什么，有无不同？如果你发现了一个新的 lncRNA，能否用二者预测该 lncRNA 的靶基因？如果不能使用这两款在线工具预测靶基因，还有其他方法吗？

2. 假设你想深入了解某一疾病，试着根据 GEO 数据库挖掘结果或者文献综述，或者利用 LncRNADisease 数据库（http://www.cuilab.cn/lncrnadisease）找到感兴趣的已知 lncRNA，通过本次实验方法分析其功能是否跟文献查阅结果一致，有无新发现？

3. 试着综述 HOTAIR 的功能，并了解围绕 HOTAIR 的学术界的争论，思考你本次实验的结果，对于深入了解 HOTAIR 的功能会有哪些帮助？

实验 3-2　利用在线工具对某一环状 RNA（circRNA）进行初步分析

【实验目的】

1. 学习利用 circBase 获取 circRNA 序列，利用 circBank 进行保守性分析的方法。

2. 学习利用 CircInteractome 分析 circRNA 下游基因功能的方法。

【实验原理】

circBase（http://www.circbase.org/）是一个环状 RNA 的数据库，收录了多个物种的 circRNA 信息。在首页搜索框中输入要搜索的内容，可输入的内容格式包括 circBase 标识符、refseq 转录本 ID、基因名称或者基因座（locus）。搜索结果包括物种信息、基因组位置，DNA 正负链、circRNA 编号、剪切后长度、检测样本、评分、重复序列、注释、转录本编号、对应基因名称等。利用 circBase 也可以获得相应 circRNA 的基因组序列和转录本序列以及对其进行保守性分析。利用 circBank 还可以进行 circRNA 的保守性分析，保守性分析是进行 circRNA 下游功能研究的重要基础。

确定待研究的 circRNA 后，可通过 CircInteractome 数据库（https://circinteractome.nia.nih.gov/）对该 circRNA 进行相应的下游功能分析，包括 circRNA 结合 miRNA 预测、下游的蛋白结合预测、CircInteractome 还能够进行 circRNA 分子检索、PCR 引物设计、RNA 干扰序列设计等操作。

本实验以 MERTK 为例，在 circBase 搜索相关的 circRNA，可根据它们的表达组织、表达丰度等特点选择感兴趣的 circRNA，获得其序列，并利用 circBank 进行保守性分析，然后利用 CircInteractome 进行下游功能预测。

【实验步骤】

1. 登录 circBase 网站，在"Search"搜索框里输入"MERTK"，进入新界面（图 3-17），其中第 3 个 circRNA，hsa_circ_0056121，表达组织多，得分高，因此以它为例，检索其基本信息，并分析其保守性。

2. 点击图 3-17 中"hsa_circ_0056121"对应的基因组位置"chr2:112702536-112705144"，进入 UCSC 界面（图 3-18）。

3. 点击图 3-18 左侧"hsa_circ_0056121"，进入下一界面（图 3-19）。

4. 点击"View DNA for this feature"，进入下一界面（图 3-20）。

home　list search　table browser　blat　downloads　help

Export results:　xlsx　txt　csv　fasta

organism ⇕	position (genome browser link)	strand ⇕	circRNA ID ⇕	genomic length	spliced length	samples ⇕	scores ⇕	repeats ⇕	annotation ⇕	best transcript ⇕	gene symbol ⇕
hsa	chr2:112686696-112779971	+	hsa_circ_0056120	93275	2425	K562	1	NA	ANNOTATED, CDS, coding, INTERNAL, OVCODE, OVERLAPTX, OVEXON	NM_006343	MERTK
mmu	chr2:128562298-128564105		mmu_circ_0009326	1807	275	hippocampus	3	NA	ANNOTATED, CDS, coding, INTERNAL, OVCODE, OVEXON	ENSMUST00000014505	Mertk
hsa	chr2:112702536-112705144	+	hsa_circ_0056121	2608	275	cerebellum, frontal_cortex, Sy5y_exp1_D2, A549, Gm12878, Helas3, Hepg2	4, 8, 2, 1, 7, 1, 7	NA	ANNOTATED, CDS, coding, INTERNAL, OVCODE, OVEXON	NM_006343	MERTK
hsa	chr2:112686696-112705144		hsa_circ_0056119	18448	696	Huvec	7	NA	ANNOTATED, CDS, coding, INTERNAL, OVCODE, OVERLAPTX, OVEXON	NM_006343	MERTK
hsa	chr2:112751827-112751981		hsa_circ_0056125	154	154	H1hesc	NA	NA	ANNOTATED, CDS, coding, INTERNAL, OVCODE, OVEXON	NM_006343	MERTK
hsa	chr2:112656190-112702637	+	hsa_circ_0056117	46447	705	K562	NA	NA	ANNOTATED, CDS, coding, OVCODE, OVERLAPTX, OVEXON, UTR5	NM_006343	MERTK

图 3-17　预测的 MERKT 相关的 circRNA

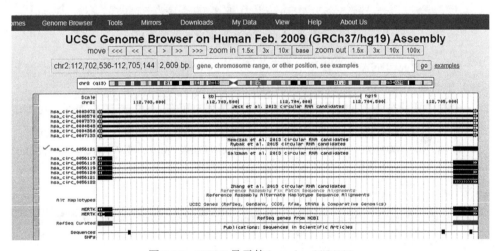

图 3-18　UCSC 显示的 hsa_circ_0056121

Genomes　Genome Browser　Tools　Mirrors　Downloads

Rybak et al. 2015 circular RNA candidates (hsa_circ_0056121)

Item: hsa_circ_0056121
Score: 1000
Position: chr2:112702537-112705144
Band: 2q13
Genomic Size: 2608
Strand: +

View DNA for this feature (hg19/Human)

View table schema

Go to rybak2015 track controls

Data last updated at UCSC: 2015-05-30 00:42:57

图 3-19　hsa_circ_0056121 的基因信息

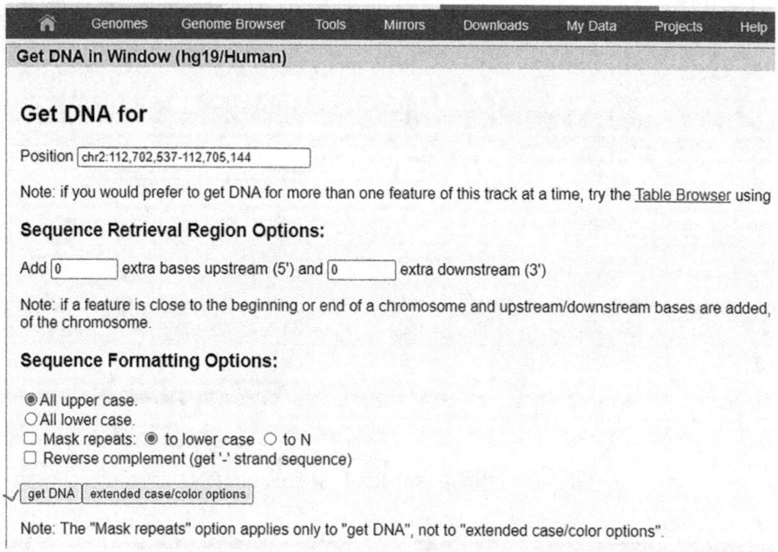

图 3-20 hsa_circ_0056121 的 DNA 信息

5. 点击"get DNA"可获得 hsa_circ_0056121 的基因组序列，通过改变上游和（或）下游增加碱基数，能够获得所需的基因组序列信息。

6. 如果要获得 hsa_circ_0056121 的转录本序列，可在 circBase 的主界面，在搜索框中输入"hsa_circ_0056121"，然后点击"fasta"，勾选"spliced"，点击"Search"。

7. hsa_circ_0056121 的保守性分析。登录 circBank（http://www.circbank.cn/index. html），选择"circRNA"，在新界面（图 3-21）中填写待分析的 circRNA 名称"hsa_ circ_0056121"到相应的栏目，点击"Search"。

图 3-21 hsa_circ_0056121 保守性分析的页面

8. 输出的结果提示，hsa_circ_0056121 的保守序列为小鼠的 mmu_circ_0009326 。该结果可以利用 Clustal 或者 MAFFT 在线比对工具进行比对验证（图 3-22）。

MAFFT-L-INS-i Result

```
CLUSTAL format alignment by MAFFT (v7.490)

hsa     cataaccagtgtgtcagcgttcagacaatgggtcgtatatctgtaagatgaaaataaacaa
mmu     catagccagtgtgtcagcgctcagacaatgggtcgtacttctgtaagatgaaggtgaacaa
        **** ************** ************** ** ************* * *****

hsa     tgaagagatcgtgtctgatcccatctacatcgaagtacaaggacttcctcacttt actaa
mmu     tagagagattgtatctgatcccatatacgtggaagttcaaggactcccttactttattaa
        * .****** ** *********** *** *  ** ******** *** .** ** ***

hsa     gcagcctgagagcatgaatgtcaccagaaacacagccttcaacctcacctgtcaggctgt
mmu     gcagcctgagagtgtgaatgtcaccagaaacacagccttcaacctcacctgccaggccgt
        ************ * *********************************** ***** **

hsa     gggcccgcctgagcccgtcaacattttctgggttcaaaacagtagccgtgttaacgaaca
mmu     gggccctcctgagcccgtcaatatcttctgggttcaaaatagcagccgtgttaatgaaaa
        ****** ************** ** ** ************ ** ********** *** *

hsa     gcctgaaaaatcccctccgtgctaactgttccag
mmu     accggaaaggtccccgtctgtcctaaccgtacctg
         ** **** ***** ** ** ***** ** **
```

图 3-22 人和小鼠 hsa_circ_0056121 序列比对

9. 利用 CircInteractome 进行 hsa_circ_0056121 的下游功能预测。

（1）登录 https://circinteractome.nia.nih.gov/，点击左侧栏的"Circular RNA"，CircRNA 搜索框里输入"hsa_circ_0056121"（图 3-23）。点击"circRNA Search"，进入下一界面（图 3-24），CircInteractome 不但提供了该 circRNA 的基因组位置、基因组序列长度、转录本序列长度、refseqID、宿主基因、表达情况等 circBase 也可以提供的信息，同时预测了可能与该 circRNA 结合的蛋白。

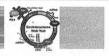

| Home |
| Circular RNA |
| RBP on CircRNA |
| miRNA Target Sites |
| Divergent Primers |
| siRNA Design |
| Help |

This tool will search for Human circRNA and Interacting RBPs

Step1: Enter your circRNA of interest / Gene of interest or select your cell line/tissue of interest

CircRNA	hsa_circ_0056121	e.g. hsa_circ_0032434
Gene Symbol		
Cell line/Tissue	▾	

Step2: Click on "circRNA Search" button to search

circRNA Search 重置

Please contact our Webmaster with questions or comments.

图 3-23 CircInteractome 主页面

Circular RNA Interactome

CircRNA ID	hsa_circ_0056121		Location	chr2:112702536-112705144
Genomic Length	2608 bp		Spliced Seq Length	275 bp
Best Transcript	NM_006343 Primers		Gene Symbol	MERTK
Samples	cerebellum, frontal_cortex, Sy5y_exp1_D2, A549, Gm12878, Helas3, Hepg2		Study	Rybak2015, Salzman2013
GenomicSeq	hsa_circ_0056121		Mature Seq	hsa_circ_0056121

RNA-binding protein sites matching to circRNAs		

RNA-binding protein sites matching flanking regions of circRNA		
RNA-binding Protein		# Tags
EIF4A3		1
FUS		1

Please contact our Webmaster with questions or comments.

图 3-24　hsa_circ_0056121 相关的信息

（2）点击左侧 "miRNA Target Sites"，在新界面（图 3-25）的搜索框里输入 "hsa_circ_0056121" 后，点击查询，进入下一界面（图 3-26），获得可能与该 circRNA 结合的 miRNA 的名称、结合位点、位点类型等信息，便于进一步分析、选择。

Circular RNA Interactome

This tool will search for miRNAs targeting Human circRNA

Step1: Enter your circRNA of interest (e.g. hsa_circ_0000006)

hsa_circ_0056121	(Max: 20 chars)

Step2: Enter your microRNA of interest (e.g., hsa-miR-647)

	(Max: 20 chars)

Step3: Click on "miRNA Target Search" button to search circRNA Database

miRNA Target Search　　重置

图 3-25　预测 hsa_circ_0056121 结合的 miRNA

CircRNA Mirbase ID	CircRNA (Top) - miRNA (Bottom) pairing	Site Type	CircRNA Start	CircRNA End	3' pairing	local AU	position	TA	S
hsa_circ_0056121 (5'... 3') hsa-miR-1231 (3'... 5')	CCAGUGUGCAGCGUUCAGACAAU |||||| CGUCGACAGGCGGGUCUGUG	7mer-1a	21	27	-0.002	0.008	-0.048	-0.001	-0
hsa_circ_0056121 (5'... 3') hsa-miR-1236 (3'... 5')	AUGAAAAUAAACAAU--GAAGAGAU |||| |||||| GACCUCUCUGUUCCCCUUCUCC	7mer-1a	62	68	-0.006	-0.014	-0.043	0.022	-0
hsa_circ_0056121 (5'... 3') hsa-miR-1290 (3'... 5')	UAACGACAGCCUGA----AAAAUCCC |||| |||||| AGGGACUAGGUUUUUAGGU	7mer-m8	247	253	-0.025	0.048	-0.059	0.010	0.
hsa_circ_0056121 (5'... 3')	GAAACACAGCCUUCAACCUCACC	7mer-m8	162	168	0.007	0.037	0.047	0.002	-0

图 3-26 hsa_circ_0056121 预测互补的 miRNA 的结果

10. 点击主界面左侧的"Divergent Primers"或者"siRNA Design"可以对相应的 circRNA 设计 PCR 检测的引物和 siRNA 序列。

【思考题】

找一个你感兴趣的 circRNA，利用 CircInteractome 预测其可能结合的 miRNA，利用 TargetScan 寻找这些 miRNA 的靶基因，利用 Jvenn 在线工具绘制 Venn 图，看看这些 miRNA 的靶基因是否存在交集，利用 DAVID 在线工具，对交集中的基因进行功能注释，如果不存在交集，想一想该怎么做？（参考实验 3-1 DAVID 等内容）

【参考文献】

Dudekula DB, Panda AC, Grammatikakis I，et al. 2016. CircInteractome: A web tool for exploring circular RNAs and their interacting proteins and microRNAs. RNA Biol, 13(1): 34-42.

Glažar P, Papavasileiou P, Rajewsky N. 2014. circBase: a database for circular RNAs. RNA, 20(11): 1666-1670.

实验 3-3 circRNA 的 RT-qPCR 检测

【实验目的】

1. 掌握 RT-qPCR 检测 circRNA 表达的方法及原理。

2. 了解检测 circRNA 表达的其他方法和相关原理。

【实验原理】

circRNA 是真核生物中共价闭合的内源生物分子，具有组织特异性和细胞特异性表达模式，部分 circRNA 表达丰度高、进化上保守。circRNA 通过作为 miRNA 或蛋白质抑制剂、调节蛋白质功能或使自身翻译而发挥重要的生物学功能，与糖尿病、神经障碍、心血管疾病和癌症等疾病有关，是当前研究的热点，检测和定量 circRNA

的表达具有重要意义。

本实验通过 RT-qPCR 方法检测 circRNA 表达，包括定量 PCR 引物设计、总 RNA 抽提、用 RNase R 去除线性 RNA、随机引物逆转录（RT）和实时定量 PCR 检测五个步骤。与 mRNA 的 RT-qPCR 实验相比，circRNA 的引物设计有其独特之处，因为 cirRNA 由反向剪接（back-splicing）产生，在核酸水平，反向剪接区域（back-splice junction，BSJ）是环状 RNA 与相应线性 RNA 唯一不同的区域，因此可以针对 circRNA 的 BSJ 位点设计特异性发散引物（divergent primer）。

【实验步骤】

1. divergent 引物

（1）登录 circbase 网站（http://www.circrna.org/），根据 circRNA 的序列查询目的 circRNA 的相关信息。

（2）在新弹出的界面中点击基因名称，然后勾选 "spliced"，下载目的 circRNA 的拼接序列。

（3）将拼接序列复制到 word 文档中，找到前段 150bp 序列和后段 150bp 序列，将后段 150bp 序列放到前段 150bp 序列前方，得到一段新的 300bp 序列，此序列即为 BSJ 的侧翼序列。以其为模板，利用 NCBI 的 Primer-BLAST 功能，进行在线引物设计，或者利用 Primer Premier 等软件设计引物，设计原则同常规定量 PCR 引物。注意：引物扩增得到的片段必须包含 150bp 处的位点。可以将引物在 NCBI 中 blast，查看引物的特异性。

除以上获得 divergent 引物的方法外，也可以到 https://www.bio-inf.cn/ 网站下载 circPrimer2.0，进行 circRNA 定量 PCR 引物的一站式设计。

2. RNA 提取　参见实验 1-6。

3. 使用 RNase R 消化线性 RNA，浓缩 circRNA。

（1）将 5μg 总 RNA 与 2μl RNase R 10× 反应缓冲液，2μl RNase R 和 1μl Ribo-Lock 混合，并使用无 RNase 的水调整最终的体积到 20μl。37℃孵育 15min。

（2）加入 180μl 无 RNase 的水并混合。加入 200μl 的酸性苯酚-氯仿（5:1），涡旋 10s 并在室温下 15 000g 离心 5min。

（3）收集上清液 150μl，加入 15μl 乙酸钠（3mol/L，pH 5.2）、1μl GlycoBlue 糖原和 375μl（收集上清液体积的 2.5 倍）100% 乙醇，颠倒 5～10 次，混匀。

（4）在 -20℃孵育 1h，15 000g 离心 10min，4℃沉淀 RNA。

（5）小心取出上清液，不要搅动沉淀。加入 1ml 的 70% 乙醇，涡旋振荡 EP 管数秒。在室温下 15 000g 离心 10min，完全去除上清液，室温下空气干燥 RNA 沉淀 2～3min。

（6）加入 20μl 无核酸酶的水，涡旋至溶解，然后迅速将溶解的 RNA 置于冰上或储存备用。RNA 浓度可以使用 NanoDrop 微量分光光度计测定。

4. 逆转录合成定量 PCR　参考实验 1-6。

5. PCR 产物的验证　本步骤可选。对于 PCR 产物进行 2% 琼脂糖凝胶电泳，应该显示一个单一的与预期 PCR 扩增子大小匹配的 DNA 产物。割胶回收 PCR 产物（参考实验 1-1），通过测序验证 PCR 产物。

【注意事项】

1. 所有的试剂、材料和仪器都应该被处理，使其避免核酸酶污染。冰上解冻试剂。孵育前，轻敲管子混匀反应组分，快速离心（10 000g，5s）以将内容物沉淀至管的底部。

2. RNase R 的使用条件：如果只是检测样品中 circRNA 的丰度，且有高特异性的引物，可以不做 RNase R 消化和 circRNA 浓缩。如果使用 RNase R 去除线性 RNA 后再进行 circRNA 的定量 PCR，就要考虑内参的问题，内参基因为线性 RNA，会被 RNase R 降解，导致后续的定量 PCR 无内参。为了避免这个问题，应该在总 RNA 提取后，将 RNA 分成两等份，一份用 RNase R 消化，另一份不用 RNase R 消化，后续的逆转录、定量 PCR 实验步骤相同，区别是 RNase R 消化组用于扩增 circRNA，非 RNase R 消化组扩增内参基因。

3. circRNA 的逆转录引物必须使用随机引物。

【实验材料】

1. RNA 抽提、逆转录合成 cDNA 和定量 PCR 参见实验 1-6。

2. 20U/μl RNase R：Geneseed，#R0301。

3. 40U/μl RiboLock 核糖核酸酶抑制剂（Thermofisher，#EO0381）。

4. 酸性苯酚∶氯仿 5∶1 溶液（Amresco 公司，#E277-100ML）。

5. 3mol/L 乙酸钠溶液（pH 5.2）（Sigma-Aldrich，#S7899）。

6. GlycoBlue™ Coprecipitant（15mg/ml）糖蓝掺杂共沉淀剂（Thermofisher，#AM9515）。

【思考题】

1. 与线性 RNA 相比，circRNA 的环状结构可能会对逆转录过程造成怎样的影响，是否会影响其定量的准确性？

2. RNA 经 RNase R 消化后有什么变化？

3. 是不是所有的 circRNA 都对 Rnase R 不敏感？RNase R 消化反应能不能用来验证一个 RNA 是否为环状 RNA？

【参考文献】

Kristensen LS, Andersen MS, Stagsted LVW, et al. 2019. The biogenesis, biology and characterization of circular RNAs. Nat Rev Genet, 20(11): 675-691.

Li HM, Ma XL, Li HG. 2019. Intriguing circles: Conflicts and controversies in circular RNA research. Wiley Interdiscip Rev RNA, 10(5): e1538.

Panda AC, Gorospe M. 2018. Detection and analysis of circular RNAs by RT-PCR. Bio Protoc, 8(6): e2775.

Szabo L, Salzman J. 2016. Detecting circular RNAs: bioinformatic and experimental challenges. Nat Rev Genet, 17(11): 679-692.

实验 3-4 circRNA 过表达及验证

【实验目的】

1. 掌握构建 circRNA 过表达载体的方法。

2. 理解验证 circRNA 过表达成功的方法。

【实验原理】

过表达基因是一种研究基因功能常用的方法。虽然某些 circRNA 在细胞中高表达，但大多数还是低表达的。因此，过表达策略常用于 circRNA 功能的研究。

过表达 circRNA 载体表达盒由三部分组成：两个反向互补序列（特定基因的上游内含子组成），circRNA（作为外显子），以及 circRNA 两侧特定的上游和下游内含子序列。本次实验以 pcDNA3.1 His C 载体（https://www.addgene.org/）作为载体骨架（图 3-27），将来自特定基因的上游内含子（MLLT3、hg38/chr9:20 414 651-20 415 428）的两个反向互补序列（约 800bp）克隆到该载体，构建以经典的互补序列介导的高效表达各种 circRNA 的通用载体。然后将所需的 circRNA 序列及其上游和下游内含子序列（每个约 200bp），并保留了剪接识别和聚嘧啶束（PPT）的序列插入到互补内含子序列之间的多克隆位点（multiple cloning site，MCS）中。插入 circRNA 两侧的反向互补序列在转录后产生稳定的 RNA 发夹结构，促进外显子剪接成环状RNA。

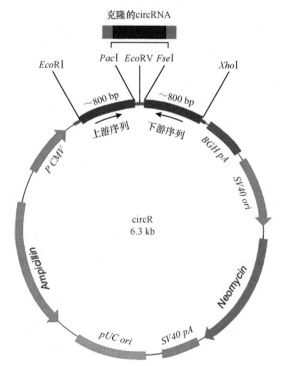

图 3-27　circRNA 过表达的载体骨架为 pcDNA3.1 His C 载体

【实验步骤】

1. 构建 circRNA 高效过表达通用载体

（1）登录 UCSC 网站（http://genome.ucsc.edu/），在"Genomes"选择相应种属和版本的参考基因组，由于要寻找的序列是位于人 MLLT3 基因内含子 4，因此选择 Human GRCh38。在新界面的方框处填写待查询序列的染色体位置：chr9:20,414,651-20,415,428。然后在"View"菜单下，点击"DNA"，进入新界面，点击"get DNA"，获得查询的具体碱基序列，如下：

TTTCTTAATCATCTGAAGCATGGAGTTTTAAAACATTTCAATTCAACAAATG
TTAACTACTGCTTGTCCTAGAAGATACAAGGATGAATAACACATGGACCCCACC
CTTAATAACTATGACGTATCTATGATTGATAGATGTTGACAACCAAAAGACG
GGAACTATTAATTCTGTTGGGAGCATGGGGCGAAGAATAATTCAAAAATT
CATAAAGAAGTAACATCTGAATTAGGTCCTGGAGGATAAACAGGTAGTT
ACTAGAATGAAAAGAATGGAAAGGTACTTAAGAGACCAAGGACCAGAATAA
ACTAAAACAACAGGGAGCAAAGCACAGATTGTATTTGGGGAACACCCAGCT
ATAGAACAAGATTGAGAAGGAGGCAGAAAAATAGCCCAGCTTCACATAGTAA
GGTCAGATTACATTAAATTTCAAATGGCTTTGCAATATAAGGAATCATAA
AACCCCCCCAAAAGAAATAAAGTAATTCTCAATTTGAGATAAAAGCAATT
ATTTTTATGCTGTATAAAATTTCATCAGTTAAGAACTGTATCTCTCACCCACTAGG
AAAAATAAAAGGAAGTTAATAGAACAAAGATTTCACCTAACCATCAAATGG
ACTAGAAAGTCTTTAGCAATTACTGTATTTTGATCATGAGAAAGACGTAA
TTGCTGCCTATTTCATTTTAAATATGATCAATTTTTCCACTCATATAAACATATC
AGAATATATAACCTATATATAATCTTTCTGTTTAGGAACAAAATCTAAGTCCA。

（2）以人基因组 DNA 为模板扩增上面的序列，注意引物设计的时候加入 *Eco*R I/*Eco*RV 的酶切位点，PCR 电泳验证条带。用相应的限制性内切酶消化对应的 PCR 产物，并电泳割胶回收（参考实验 1-1）。

（3）用 *Eco*R I/*Eco*RV 对 pcDNA3.1 His C 载体进行酶切，然后割胶回收，用 T_4 连接酶把线性化的载体与步骤（2）获得的 PCR 产物连接后，通过热休克，将连接产物转化到大肠埃希菌（*E. coli*），用加氨苄青霉素的培养基培养过夜，挑单克隆，摇菌，测序，序列正确的菌种抽提质粒备用。

（4）以人基因组 DNA 为模板扩增上面的序列，注意原本含有 *Eco*R I 酶切位点的引物序列，应该更改为 *Xho* I 的酶切位点的引物序列，另外一条引物序列不变。PCR 电泳验证条带大小是否正确。用相应的限制性内切酶消化对应的 PCR 产物，并电泳割胶回收。

（5）用 *Eco*RV/*Xho* I 对步骤（3）获得的质粒进行酶切，割胶回收，用 T_4 连接酶把线性化的载体与步骤（4）获得的 PCR 产物连接后，将连接产物转化到 *E. coli*，用加氨苄青霉素的培养基培养过夜，挑单克隆，摇菌，测序，序列正确的抽提质粒备用。步骤（5）获得的质粒为高效过表达 circRNA 的通用载体。

2. 查找插入载体的 circRNA 序列

以宿主基因为 MCM7 的单外显子 hsa_circ_0081390 为例，查找插入载体的 circRNA 序列（包括内含子侧翼序列，上下游各 200bp）。

（1）登录 circBase（http://circrna.org/），在搜索框内输入完整基因名"hsa_circ_0081390"，点击"Search"进入下一界面，点击"Fasta"进入下一界面，勾选"Spliced"、"Extend upstream by"和"Extend downstream by"框均填"200bp"，在同一界面点击"Search"获得 circRNA 剪切后的序列及其上下游 200bp 的序列文件，如下：

>hsa_circ_0081390|NM_182776|MCM7

gtcaaaggactctcttctaggagacaaggggcagacagctaggtgagtggtttagtgaaggacaaagctgtgtcactttgtcttctgtggccatgtgtctgaggttggcctcaattctaacactggccaccattgttctctgttgatgtcgagcattcctgtttgtatcctgaccttacacacccactcatttccttcagGACTCAGAGACCAGCAGATGTGATATTTGCCACCGTCCGTGAACTGGTCTCAGGGGGCCGAAGTGTCCGGTTCTCTGAGGCAGAGCAGCGCTGTGTATCTCGTGGCTTCACACCCGCCCAGTTCCAGGCGGCTCTGGATGAATATGAGGAGCTCAATGTCTGGCAGGTCAATGCTTCCCGGACACGGATCACTTTTGTCTGATTCCAGCCTGCTTGCAACCCTGGGGTCCTCTTGTTCCCTGCTGGCCTGCCCCTTGGGAAGGGGCAGTGATGCCTTTGAGGGGAAGGAGGAGCCCCTCTTTCTCCCATGCTGCACTTACTCCTTTTGCTAATAAAAGTGTTTGTAGATTGTCatcttctagcctgggcctgacttccattaaaacagggttttgtgcgtttttttagattcctgttcgtttttatgctatttcatccactcagtaaattacctgagtaaagtgcatctccctgccaggcccccagtatagacactggggatgcggcaaggactaagcggtccctgctgtttggagatacttaagatggggctc。

（2）获得插入序列后，利用 Takara Cut-Site Navigator 选择合适的限制性内切酶。兼容的限制性内切酶包括：*Pac*I，*Fse*I，稀切酶，以及用于平末端连接的 *Eco*RV。本实验选择 *Pac*I 和 *Fse*I。

（3）以人基因组 DNA 为模板扩增上面的序列，注意引物设计的时候加入相应的酶切位点，PCR 电泳验证条带。用相应的限制性内切酶消化对应的 PCR 产物，并电泳，割胶回收。注意：如果过表达的 circRNA 是多外显子来源的 circRNA，它的插入序列扩增需使用重叠 PCR 法进行扩增。

（4）用 *Pac*I/*Fse*I 对步骤（1）获得的 circRNA 过表达通用质粒进行酶切，割胶回收，用 T₄ 连接酶把线性化的载体与步骤（2）、（3）获得的 PCR 产物连接后，通过热休克，将连接产物转化到 *E. coli*，用加氨苄青霉素的培养基培养过夜，挑单克隆，摇菌，测序，序列正确的抽提质粒备用。

3. circRNA 过表达验证

（1）转染和细胞培养：见实验 1-4。

（2）RT-qPCR 验证 circRNA 过表达：RT-qPCR 验证 circRNA 过表达，需要两种引物：第一种是实验 3-2 涉及的背靠背的 divergent 引物，上下游引物分别在环化位点的两端，扩增产物内包含环化位点，即反向剪切区域（BSJ），这样设计引物容易有非特异条带出现。第二种 divergent 引物，是 3' 端跨环化位点的背靠背引物，即环化位点在扩增产物的一端，这类引物特异性高，但可能出现假阳性。3' 端跨环化位点引物的 3′ 端跨越环化位点几个碱基是一个关键的因素，一般设计跨越 3～8 个碱基效果最好，跨越碱基过少，可能 PCR 时被忽略错配差异，无法精确匹配环化位点；跨越碱基过多特别是超过 10nt 时，可能只由 3′ 端部分序列主导 PCR 过程，此时引物的 5′ 端相当于悬挂接头，不在 PCR 过程中匹配模板，最终扩增产物大部分是线性基因的序列，会导致假阳性结果。以上两种引物设计好后也应先用样品扩增验证一下，并最好对 PCR 产物进行桑格（Sanger）测序，以确认扩增产物是正确的。引物确认后，进行以下步骤，验证 circRNA 的过表达。

1）同时用两种 divergent 引物进行 RT-qPCR，扩增曲线要正常，熔解曲线是单一峰，数据计算有过表达，一般 50 倍以上就是比较好的结果。

2）分别对两种 divergent 引物的 PCR 产物做电泳检测，确认产物是单一条带，并且大小正确。

3）用跨环化位点引物扩增的过表达组样品的 PCR 产物进行 Sanger 测序，以确认环化位点处序列正确，证明 circRNA 过表达能准确成环。

【注意事项】

由于 circRNA 准确成环难度大，转录后还要经过剪切环化，因此做常规的 RT-qPCR 计算过表达组和对照组的表达差异是不够的，而是一定要将 PCR 的产物进行电泳，检测是否单一条带，条带大小是否正确，并且进行 Sanger 测序，比对 PCR 产物的序列是否和基因一致，确保环化位点处准确成环，没有错误添加酶切位点或缺失序列。

【实验材料】

参见实验 1-6。

【思考题】

1. 已知某一 circRNA，在用 circBase 查找其序列时，分别勾选"Genomic"和"Spliced"获得的 circRNA 序列有无不同？有没有可能是相同的序列？

2. 重叠延伸 PCR 的基本原理是什么？哪些类型的 circRNA 过表达时需要用到重叠 PCR？

3. 为什么跨环化位点的引物对特异性要比常规的 divergent 引物扩增的特异性更高？举例说明。

4. 过表达 circRNA 还有哪些方法？

【参考文献】

Chen LL. 2016. The biogenesis and emerging roles of circular RNAs. Nat Rev Mol Cell Biol, 17(4): 205-211.

Liu D, Conn V, Goodall GJ, et al. 2018. A highly efficient strategy for overexpressing circRNAs. Methods Mol Biol, 1724: 97-105.

（张介平　金彩霞）

第四章 单细胞技术

概 述

一、单细胞技术及单细胞组学概述

单细胞测序（single cell sequencing）是指在单个细胞水平上，对基因组、转录组、表观组进行高通量测序分析的一项新技术，它能够弥补传统高通量测序的局限性，揭示单个细胞的基因结构和基因表达状态，反映细胞间的异质性。单细胞测序技术自 2009 年建立后发展迅速。尤其是近几年，单细胞测序出现了爆发式的发展。2011 年 *Nature Methods* 将单细胞研究方法列为未来几年最值得关注的技术领域之一。2013 年 *Science* 将单细胞测序列为年度最值得关注的六大领域榜首。单细胞技术因其"对单细胞 DNA 和 RNA 进行测序的方法可以改变生物学和医学的许多领域"被 *Nature Methods* 评选为"2013 年年度技术"，以突出这项技术对系统、深入研究和理解不同种类的细胞特征及细胞的生物学差异的贡献。2017 年 10 月 16 日，与"人类基因组计划"相媲美的"人类细胞图谱计划"首批拟资助的 38 个项目正式公布，引爆单细胞测序新时代。近年来，科学家们已经分别在基因组、转录组和 DNA 甲基化组等水平实现了单细胞单一组学的高通量测序分析，并且研究了单个生殖细胞、早期胚胎细胞及癌症细胞的组学特征。2016 年 *Cell Research* 发表了中国学者汤富酬研究组等采用单细胞三重组学测序技术（scTrio-seq）揭示肝癌细胞基因组、表观组和转录组的异质性，在国际上首次从同一个单细胞中实现对三种组学高通量测序信息的同时获取，并从单细胞水平发现肝癌细胞在三种组学上存在密切相互关联的高度异质性。本章简述单细胞测序的原理及其应用。

单细胞测序主要包括以下四步：单细胞分离、核酸扩增建库、高通量测序和生物信息分析。

1. 单细胞分离 单细胞测序是指通过一定的技术手段，将单个细胞分离出来，构建核酸文库进行测序。其中，单细胞分离和核酸扩增建库为关键步骤。单细胞分离的方法有显微操作、激光捕获显微切割（laser capture microdissection，LCM）、荧光激活细胞分选法（fluorescence-activated cell sorting，FACS）和微流控技术（microfluidics technology）。前两种方法需人工操作，基于显微镜观察的细胞形态和细胞标记蛋白标记特征进行分离单细胞，通量低，且 LCM 对细胞完整性有伤害。后两者则为自动、高通量的单细胞分离方法。FACS 基于细胞特定的荧光标记物、细胞大小分离单细胞，其缺点是起始细胞悬液需求量大，从数量少的细胞中不能很好地分离单细胞。

微流控技术被认为是在单细胞测序中最有前景且广泛使用的单细胞分离技术，通过微流控芯片对单细胞进行捕获和分离，既能对单细胞进行培养，也能对分离的单细胞进行测序。该技术细胞通量高，周期快，成本低，细胞捕获效率高，并且商业化仪器操作简便。其核心原理是将不同的细胞赋予一段不同的识别码（barcode）

序列。建库时，携带相同 barcode 序列的核酸分子被认为来自同一个细胞，人们就可以一次性为成百上千的细胞建库并顺利区分它们。

2. 核酸扩增建库 核酸扩增建库的方法根据实验目的不同而不同。

（1）单细胞基因组测序：可以揭示癌细胞基因组的突变和结构变化，这些突变往往具有较高的突变率。这些信息可以用来描述克隆结构，追踪疾病的演变和传播。从一个二倍体的人的细胞可以获得 6pg DNA。高保真和无偏倚（unbiased）的全基因组扩增（whole genome amplification，WGA）产生足够的 DNA 对单细胞基因组测序是必需的。在二代测序技术出现之前，基于 PCR 的 WGA 方法，包括连接锚定的 PCR（ligation-anchored PCR）、引物延伸的预扩增 PCR（primer extension pre-amplification PCR，PEP-PCR）、兼并寡核苷酸引导的 PCR（degenerate oligonucleotide-primed PCR）等能够在单细胞特异位点检测拷贝数变异（copy number variation，CNV）和单核苷酸变异（single nucleotide variant，SNV）。基于 PCR 的 WGA 方法会引入很高的扩增的偏误，导致相当数量的 CNV 和 SNV 不能被检测到。

多重置换扩增（multiple displacement amplification，MDA）是目前广泛使用的 WGA 技术。MDA 反应需要随机引物和来自噬菌体 phi29 的 DNA 聚合酶。在 30℃等温反应中，随着聚合酶产生新链，发生链置换反应，从每个模板 DNA 合成多个拷贝。MDA 产物的长度约为 12kb，范围可达 100kb，可用于微流控系统的高通量 DNA 测序。多重退火和基于环的扩增循环（multiple annealing and looping-based amplification cycles，MALBAC）在 MDA 等温扩增开始，在引物的侧翼添加"通用"序列用于下游 PCR 扩增。随着初步扩增子的产生，共同序列会促进自身连接并形成"环"以防止进一步扩增。在另一个温度循环中，对环进行变性，使片段可以通过 PCR 扩增。MDA 可以得到更好的基因组覆盖范围，可能更有效地识别 SNP，但是 MALBAC 可以提供更均匀的基因组覆盖范围，更适合检测 CNV。每种方法都有不同的优势，方法的选择取决于测序的目的。

（2）单细胞 RNA 测序：单细胞 RNA 测序（single cell RNA-sequencing，scRNA-seq）可以提供单个细胞的基因表达谱，被作为评价细胞状态和表型的金标准。scRNA-seq 能够识别细胞中的生物学相关差异，可以用无偏倚的方式对细胞进行分组，揭示以前从未发现的细胞群中稀有细胞类型的存在。scRNA-seq 流程包括获得单细胞，然后逆转录、扩增构建文库、测序和分析。scRNA-seq 的关键步骤是整个转录组的扩增（whole transcriptome amplification，WTA），尤其是对细胞中 mRNA 的初始相对丰度低的罕见的转录本的扩增。逆转录效率决定了测序仪最终将分析细胞 RNA 群体的多少。逆转录酶的特性和所用的引物策略可能会影响全长 cDNA 的生产以及偏向基因 3′ 或 5′ 端的文库的产生。在扩增步骤中，目前使用 PCR 或体外转录（*in vitro* transcription，IVT）来扩增 cDNA。基于 PCR 的方法的优点之一是能够生成全长 cDNA。但是，对特定序列（如 GC 含量和快速恢复结构）的不同 PCR 效率也可能产生覆盖范围不均匀的文库。另一方面，虽然 IVT 文库可以避免 PCR 引起的序列偏倚，但特定序列可能无法有效转录。基于 WTA 的策略不同，目前用于 scRNA-seq 的方法主要有 10×Genomics 法和 Smart-seq 法。10×Genomics 法单细胞 RNA 测序是基于微流控技术,将单个细胞与含有识别码与特异分子标记(unique molecule identifier,UMI)ploy(dT)VN 的磁珠包裹在一个凝胶珠(GEM)中,使细胞标记上特殊的识别码,从而达到单细胞 RNA 测序的目的,10×Genomics 法是对 mRNA 的 3′端进行测序。Smart-seq 法利用逆转录酶的末端转移酶和模板转换活性在单细胞水平生成全长 cDNA 并扩增建库测序,适合基因变异剪接、综合的 SNP 和突变的分析,与 10×Genomics 法相比,敏感性较低。在 Smart-seq 法基础上,Smart-seq2 法重新优化逆转录、模板转换(模板转换的寡核苷酸采用核糖鸟苷和修饰的鸟苷产生锁核酸)和预扩增步骤(dNTP 在逆转录 RNA 变性前加入,增加 cDNA 长度),以增加 cDNA 文库产量、来自单细胞的 cDNA 长度和检测的敏感性。

(3)单细胞表观组学测序:单细胞表观组学测序聚焦 CpG 岛位点的检测。自然界中存在几种已知的甲基化类型,包括 5-甲基胞嘧啶(5mC)、5-羟甲基胞嘧啶(5hmC)、6-甲基腺嘌呤(6mA)和 4-甲基胞嘧啶(4mC)。在真核生物,特别是动物中,5mC 在整个基因组中广泛分布,并通过抑制转座因子来调节基因表达。对单个细胞进行 5mC 测序可以揭示单个组织或群体中遗传上相同的细胞的表观遗传学变化如何产生具有不同表型的细胞。重亚硫酸盐测序已成为检测和测序单细胞 5mC 的金标准。用重亚硫酸盐处理 DNA 可将胞嘧啶残基转化为尿嘧啶,但不会影响 5mC 残基。因此,用重亚硫酸盐处理过的 DNA 仅保留甲基化的胞嘧啶。为了获得甲基化信息,需要将重亚硫酸盐处理的序列与未经修饰的基因组进行比对。2014 年实现了在单细胞中全基因组重亚硫酸盐测序。在 DNA 提取后用重亚硫酸盐片段化 DNA 分子,接着添加接头,从而允许所有片段通过 PCR 扩增。该方法捕获每个细胞中约 40% 的总 CpG。

单细胞限制性代表区域甲基化测序(single-cell reduced-representation bisulfite sequencing,scRRBS)是目前用来分析单细胞全基因组甲基化的一种新技术。该技术利用了甲基化胞嘧啶在 CpG 岛(CGI)聚集的趋势,采用 Msp I 消化基因组、修复末端、加上 dA 尾、衔接子(adaptor)以及后续的重亚硫酸盐转化,重亚硫酸盐转化后的 DNA 进行 PCR 扩增以产生足量的 DNA,用于测序文库的制备。该方法富集具有高 CpG 含量的基因组区域,包括 70% 以上的启动子区域和 80% 以上的甲基化岛。与全基因组重亚硫酸盐测序相比,scRRBS 的主要缺陷是重亚硫酸氢盐转化和转化后纯化的过程中,DNA 容易降解,导致高偏倚性、低覆盖率和低的重复性,而且 scRRBS 不能区分 5mC 和 5hmC。

高通量测序及生物信息分析一般情况下交由生物技术公司完成。

二、单细胞技术的应用

细胞是人体结构和功能的基本单位,系统性地研究人体所有细胞的种类、功能及分化路径对于研究人体发育、衰老以及疾病的产生具有重要意义。一切健康问题的根本都将归结于细胞本身。人体样本中细胞群体的异质性远超我们想象,这对复合的细胞群的检测和分析,并不能充分描述生物或疾病的复杂性。单细胞基因组学、转录组学和蛋白质组学研究的进步,将会加快在临床研究、诊断、预后和治疗等方面取得重大进展。单细胞技术正在改变我们对疾病的理解。囿于成本，目前单细胞测序更多是为科研提供服务，主要应用于肿瘤、生殖发育、免疫性疾病、新药研发等领域。

（一）肿瘤

2020 年 4 月利姆（Lim）等在 *Cancer Cell* 发表了一篇单细胞测序在肿瘤研究中应用的综述。迄今为止，使用单细胞技术发表的肿瘤研究大致可分为五个主要领域：①癌前病变的侵袭；②原发性肿瘤的克隆进化和肿瘤内异质性；③肿瘤微环境的重新编程；④肿瘤转移传播；⑤化疗药物治疗的抵抗。在这些研究中，scRNA-seq 和 scATAC-seq 方法常被用于解决肿瘤微环境（tumor microenvironment，TME）中的细胞类型和细胞状态（即表达/表观基因组程序），以及肿瘤细胞的表达程序和亚型。TME 中细胞状态的分析可以揭示不同的基质细胞和免疫细胞类型如何重新编程，反映出可能促进或抑制肿瘤生长的不同生物学功能。同样，scRNA-seq 方法通过分析肿瘤细胞增殖、记忆、缺氧、肌电、代谢等肿瘤标志的基因特征，为深入了解肿瘤细胞表型多样性提供了依据。scRNA 序列较大混合 RNA（bulk RNA）序列的优势在于能够进行细胞型特异性差异表达分析，以确定 TME 中的细胞类型是否在治疗或进展等条件下表达不同的基因。其他分析可能包括重建分化谱系或在单个细胞分辨率下识别肿瘤表达亚型。通过推断 DNA 拷贝数信息，将非整倍体肿瘤细胞与 TME 区分开来。scDNA 测序方法可用于在癌前病变、转移和治疗耐药的背景下，解决克隆亚结构，并在肿瘤进化过程中重建克隆谱系。scDNA 测序对于解决不同肿瘤克隆的突变共存和互斥性特别有用。scRNA-seq 技术有助于描述克隆多样性和理解罕见细胞在癌症发展中的作用。

（二）发育生物学

人体是从一个受精卵最终发育成一个完整的生命体。构建一张能够跟踪观察从受精卵到成体的每个细胞命运转化路径的全息生命发育图谱，是每个发育生物学研究者的梦想。利用单细胞分析技术（包括单细胞测序技术和单细胞成像技术等）和计算生物学，使得解析人类受精卵发育分化之谜成为可能。利用单细胞测序技术绘制发育图谱、鉴定细胞类型，对人类健康、疾病和衰老等过程中的研究也有着重大的推动作用。人类细胞图谱（human cell atlas）等国际研究项目正在尝试鉴定参与发育、健康和疾病的所有细胞类型，以更好地揭开人体发育、疾病、衰老过程中的未解谜团。

2018 年 3 月 14 日我国科学家利用单细胞转录组测序手段，结合系统的生物信息学分析和深度数据挖掘，在 *Nature* 上发表了题为 "A Single-cell RNA-seq Survey of The Developmental Landscape of The Human Prefrontal Cortex" 的文章，该研究绘制了人脑前额叶胚胎发育过程的单细胞转录组图谱，解析了人类胚胎大脑前额叶发育的细胞类型的多样性以及不同细胞类型之间的发育关系，揭示了神经元产生和环路形成的分子调控机制，并对其中关键的细胞类型进行了系统的功能研究，为绘制最终完整的人脑细胞图谱，奠定了重要的基础。

2018 年中国学者在 *Cell Stem Cell* 杂志发表文章 "Single-cell RNA Sequencing Analysis Reveals Sequential Cell Fate Transition during Human Spermatogenesis"。通过对正常睾丸细胞和来自非梗阻性无精子症患者的睾丸细胞进行 scRNA-seq 分析，建立了 3 种精原细胞亚型、7 种精母细胞亚型和 4 种精子细胞亚型的连续发育分层模型，描述了人类精子的发育过程。该工作对于探索生殖系统遗传变异的发生机制具有重要的意义。

郭国骥团队致力于单细胞测序领域的相关研究，自主研发了 Microwell-seq 高通量单细胞分析平台，并于 2018 年在 *Cell* 发表了首个小鼠细胞图谱。2020 年 3 月 25 日，该团队与国内多个团队合作在 *Nature* 杂志上发表了题为 "Construction of a Human Cell Landscape at Single-cell Level" 的文章，对 60 种人体组织样品和 7 种细胞培养样品进行了 Microwell-seq 高通量单细胞测序分析，系统性地绘制了跨越胚胎和成年两个时期、涵盖八大系统的人类细胞图谱。

（三）免疫系统

单细胞测序目前主要用于免疫细胞的分型和免疫性疾病的诊疗。反应的效率取决于参与免疫过程中高异质性免疫细胞的协同。单细胞技术可用于分析免疫细胞亚群和细胞间网络，探索免疫系统作用机制以及不同个体、物种的差异。利用单细胞技术可以探索不同组织免疫细胞的特征。绍博（Szabo）等对肺、淋巴结、骨髓和血液中分离的人类 T 细胞进行单细胞测序发现，免疫细胞具有高度异质性和不同的功能反应，不同组织位置上人类 T 细胞的持久性和功能各具差异。比约克隆德（Björklund）等对数百个扁桃体先天性淋巴细胞（ILC）和自然杀伤细胞（NK）进行单细胞转录组测序，发现细胞可分为 ILC1、ILC2、ILC3 和 NK 四类，而 ILC3 类细胞可以被继续分为 3 个亚群。维拉尼（Villani）等通过单细胞技术发现正常健康人 2%～3% 的树突状细胞亚群可以进一步分化为浆细胞样树突状细胞和 CD1C+ 传统树突状细胞。

免疫性疾病的单细胞研究可以为临床诊断和治疗提供重要的理论依据。友（Yu）等对小鼠骨髓祖细胞进行单细胞 RNA 测序，发现了 PD-1 高表达的先天性淋巴细胞（PD-1hi-ILC）。在小鼠流感模型中注射缺乏 PD-1 抗体的 PD-1hi-ILC 后，细胞因子水平降低并阻断了木瓜蛋白酶诱导的急性肺部炎症。结合单细胞基因组学、新兴的空间方法、免疫组库分析、多重免疫表型以及已建立的功能分析方法，将从根本上改变对感染、自身免疫、过敏和炎症中免疫功能和功能障碍的认识，并推动治疗进展。

肠道间充质细胞在上皮内环境稳定、基质重塑、免疫和炎症中发挥重要作用。金辰（Kinchen）等通过对超过 16 500 个结肠间充质细胞进行无偏倚单细胞分析，发现除了周细胞和肌成纤维细胞外，还有 4 个表达不同转录调节因子和功能途径的成纤维细胞亚群。位于上皮隐窝附近的一群细胞，表达 *SOX6*、*F3*（CD142）和 *WNT* 基因，对结肠上皮干细胞功能至关重要。在结肠炎中，这个生态位（niche）功能失调，出现激活的间充质细胞亚群。该亚群表达 TNF 超家族成员 14（TNFSF14）、成纤维细胞网状细胞相关基因、IL-33 和赖氨酰氧化酶。此外，它还诱导影响上皮细胞增殖和成熟的因素，并导致体内氧化应激和增加疾病严重程度，对于理解炎性肠病间质细胞如何重塑加剧炎症和屏障功能障碍有重要的意义。

（四）药物筛选

在药物开发中，药物筛选至关重要。基因表达谱可用于注释小分子的功能，并阐明生物途径的潜在机制。虽然科学家已经使用微阵列技术对大量小分子的基因表达进行了系统的分析，但它们仅限于批量测量。为了捕获高度异质样本（如肿瘤细胞）的多种反应，单细胞基因表达谱分析是必不可少的，多重 scRNA-seq 可以非常有效的方式提供各种药物干扰的同时表达谱。信（Shin）等设计了一种多重 scRNA-seq 方法，采用极短识别码寡核苷酸的瞬时转染以标记来自不同实验条件的样本，可用于多种药物的同时单细胞转录组分析。

RNA-seq 是利用转录组变化作为研究药物效应的强大工具，但标准的文库构建成本高昂。芮（Ye）等建立了一个高通量的药物发现平台 DRUG-seq（Digital RNA with pertUrbation of Genes）。DRUG-seq 以 1/100 的成本捕获标准 RNA-seq 中检测到的转录变化。在对 8 个剂量的 433 种化合物进行的概念验证实验中，基于 DRUG-seq 生成的转录图谱，成功地根据其预期靶点，通过作用机制将化合物分组为功能簇，检测到参与同一靶点的化合物的转录组变化中反映的微小差异，证明了使用 DRUG-seq 了解靶点上和靶点外的价值。DRUG-seq 为高通量筛选全面的转录组 read 提供了一个强大的工具。

【参考文献】

Björklund AK, Forkel M, Picelli S, et al. 2016. The heterogeneity of human CD127(+) innate lymphoid cells revealed by single-cell RNA sequencing. Nat Immunol, 17(4): 451-460.

Guo F, Yan L, Guo H, et al. 2015. The transcriptome and DNA methylome landscapes of human primordial germ cells. Cell, 161: 1437-1452.

Guo H, Zhu P, Wu X, et al. 2013. Single-cell methylome landscapes of mouse embryonic stem cells and early embryos analyzed using reduced representation bisulfite sequencing. Genome Res, 23(12): 2126-2135.

Han X, Wang R, Zhou Y, et al. 2018. Mapping the mouse cell atlas by microwell-Seq. Cell, 172(5): 1091-1107. e17.

Han X, Zhou Z, Fei L, et al. 2020. Construction of a human cell landscape at single-cell level. Nature, 581(7808): 303-309.

Kinchen J, Chen HH, Parikh K, et al. 2018. Structural remodeling of the human colonic mesenchyme in inflammatory bowel disease. Cell, 175(2): 372-386. e17.

Lim B, Lin Y, Navin N. 2020. Advancing cancer research and medicine with single-cell genomics. Cancer Cell, 37(4): 456-470.

Lorens-Bobadilla E, Zhao S, Baser A, et al. 2015. Single-cell transcriptomics reveals a population of dormant neural stem cells that become activated upon brain injury. Cell Stem Cell, 17: 329-340.

Shin D, Lee W, Lee JH, et al. 2019. Multiplexed single-cell RNA-seq via transient barcoding for simultaneous expression profiling of various drug perturbations. Sci Adv, 5(5): eaav2249.

Szabo PA, Levitin HM, Miron M, et al. 2019. Single-cell transcriptomics of human T cells reveals tissue and activation signatures in health and disease. Nat Commun, 10(1): 4706.

Tang F, Barbacioru C, Wang Y, et al. 2009. mRNA-Seq whole-transcriptome analysis of a single cell. Nat Methods, 6(5): 377-382.

Tsang JC, Yu Y, Burke S, et al. 2015. Single-cell transcriptomic reconstruction reveals cell cycle and multi-lineage differentiation defects in Bcl11a-deficient hematopoietic stem cells. Genome Biol, 16: 178.

Villani AC, Satija R, Reynolds G, et al. 2017. Single-cell RNA-seq reveals new types of human blood dendritic cells, monocytes, and progenitors. Science, 356(6335): eaah4573.

Wang M, Liu X, Chang G, et al. 2018. Single-cell RNA sequencing analysis reveals sequential cell fate transition during human spermatogenesis. Cell Stem Cell, 23(4): 599-614.

Wen L, Tang F. 2016. Single-cell sequencing in stem cell biology. Genome Biol, 17: 71.

Yan L, Yang M, Guo H, et al. 2013. Single-cell RNA-seq profiling of human preimplantation embryos and embryonic stem cells. Nat Struct Mol Biol, 20: 1131-1139.

Ye C, Ho DJ, Neri M, et al. 2018. DRUG-seq for miniaturized high-throughput transcriptome profiling in drug discovery. Nat Commun, 9(1): 4307.

Yu Y, Tsang JC, Wang C, et al. 2016. Single-cell RNA-seq identifies a PD-1hi ILC progenitor and defines its development pathway. Nature, 539(7627): 102-106.

（吕立夏　徐　磊）

实验 4-1　视网膜单细胞悬液制备

【实验目的】

以大鼠视网膜组织为例，掌握组织细胞单细胞悬液的制备方法。

【实验原理】

单细胞悬液制备在单细胞技术中尤为关键。由于组织组成和结构的差异，没有一种试剂盒能够完美满足不同组织单细胞悬液的制备需求，需要不断探索和优化。制备的单细胞数量以及获取的单细胞活性等均会使最终的结果产生差异。理想情况下，在机械解离细胞时应足够温和，以避免破坏细胞，并有效地捕获尽可能多的细胞群。本实验以大鼠神经组织视网膜为例，进行单细胞悬液制备。通过酶降解视网膜细胞外黏附蛋白，使之无法维持组织结构的完整性，通过轻柔地吹打、离心、重悬和过滤获得单细胞。将 5 个视网膜组织混合制备单细胞悬液。将组织切成小块后，在组织块中加入预酶混合物，置于 37℃ 水浴进行解离。悬浮液应用 MACS® Smart-Strainer（70μm）过滤，以去除未完全解离的团块和细胞碎片，使之更接近符合检测标准的单细胞状态。立即对细胞进行下游的细胞活力检测，如有必要，去除死细胞。

在不同的单细胞测序策略中，10×Genomics 法技术要求使用具有较高活性的单细胞悬液。由于样本类型和制备单细胞悬液方法的不同，单细胞悬液中容易出现死细胞。因此，在获得单细胞悬液后需要检测细胞活性和浓度，以判断细胞状态并确定上样时的准确体积。推荐使用锥虫蓝染色法或者荧光染色法来检测细胞活性；同时可采用细胞计数设备（如血球计数板或自动细胞计数仪）进行定量。当细胞活性 >80% 且浓度介于 700～1200 个/μl（体积不少于 100μl）时，捕获细胞数及基因检出率更容易达到目标值。细胞悬液的浓度一旦超出这个最佳范围，将会导致细胞计数不可靠，建议相应地调整细胞悬液的浓度；死细胞释放的 RNA 会导致检测的背景噪声，并影响单细胞数据的质量。在样本制备中，细胞表面出现磷脂酰丝氨酸，均会被认为是活力不好的细胞而被清除，包括：①冻融过程导致细胞表面出现磷脂酰丝氨酸；②红细胞溶解；③组织机械分离的应激；④活化血小板的存在。因此，对于死细胞比例较高（>20%）的样本，建议使用去死细胞试剂盒/磁珠分选/流式分选的方式降低单细胞悬液中的死细胞比例。去除死细胞能增加样本清洁度，增加捕获细胞计数的准确性，减少线粒体基因数量，而且大部分样本去除死细胞后都能鉴定出主要细胞亚型。

本实验使用美天旎基于磁珠分选的试剂盒 MACS® Dead Cell Removal Kit 去除死细胞。试剂盒包含膜联蛋白 V 微球和用于细胞碎片、死细胞和死亡细胞磁标记的结合缓冲液。微球识别凋亡细胞和死亡细胞质膜中的磷脂酰丝氨酸部分。在死细胞去除过程中，用磁性死细胞去除微球标记死细胞，并通过分离柱。磁性标记的死细胞保留在柱内，具有完整细胞膜的早期凋亡细胞也会被去除，未标记的活细胞会从流出液中被收集起来，用于后续实验。

【实验步骤】

1. 细胞解离

（1）在 D-PBS 中取出视网膜，5 个视网膜混合，用剪刀剪碎。用皮式滴管取出视网膜至 15ml 管中，添加 D-PBS 至 6ml，让组织沉底，小心去上清液。

（2）加入 1960μl 酶混合液（enzyme mix）1，缓慢摇动使组织不沉底。37℃ 15min，每 5min 混匀一下细胞。

（3）加入 30μl 酶混合液 2，使用皮式滴管轻柔混匀 10 次，避免出现气泡。

（4）37℃ 10min，每 5min 混匀一下细胞。

（5）加入 15μl 酶混合液 2，使用湿润的 5ml 枪头轻柔混匀 10 次，避免出现气泡。

（6）使用去尾 2mm 的 1ml 枪头上下轻柔缓慢混匀 35 次，不可振荡避免出现气泡。

（7）使用 70μm 滤网过滤上清液，在 50ml 管中加入 10ml D-PBS 冲洗。

（8）加用 45μm 滤网过滤上清液，在 50ml 管中加入 10ml D-PBS 冲洗。

（9）加用 35μm 滤网过滤上清液。

（10）130g 室温离心 10min，小心弃去上清液，使用 1ml 枪头在 BSA/D-PBS 中小心重悬沉淀，不可振荡细胞。

（11）1∶100 稀释计数细胞，细胞应该立即进行下一步实验。

2. 去除死细胞

使用锥虫蓝染色法或者荧光染色法来检测细胞活性。当细胞活性<80% 时，去除死细胞。按照 MACS® Dead Cell Removal Kit 试剂盒说明操作。

（1）无菌条件下，准备 1× 结合缓冲液（binding buffer）：每 $1×10^7$ 个细胞，使用 4.75ml 无菌的双蒸水稀释 0.25ml 20× 结合缓冲液。

（2）使用上一步中收集的细胞，1.5ml 离心管中 300g 离心 10min。尽可能去除上清液，每 $1×10^7$ 个细胞使用 100μl Dead Cell Removal 微型磁珠重悬，混匀后室温孵育 15min。将死细胞去除磁珠置于磁力架上，加入 500μl 1× 结合缓冲液。待缓冲液快要流尽时，加入细胞悬液，再加入 500μl 1× 结合缓冲液洗脱，收集活细胞。重复一次，收集洗脱液。

【注意事项】

1. 对视网膜的解离过程需全程在室温下完成。

2. 枪头应当剪去尾端约 2mm，并用酒精灯火钝化枪头（fire-polish pipette）。

【实验材料】

1. 神经组织单细胞悬液（美天旋，#130-094-802）。

2. 不含钙、镁的 D-PBS（生工上海生物工程有限公司，#E607009）。

3. 0.5% BSA：0.5g BSA 溶于 100ml D-PBS。

4. MACS® Dead Cell Removal Kit（美天旋，#130-090-101）。

【思考题】

如何对细胞活力进行检测？

（孙　婉　吕立夏）

第五章　蛋白质-蛋白质相互作用分析

概　　述

蛋白质是执行生物功能的主要分子，是生物体内含量最丰富的生物大分子，约占一个细胞干重的 50%。一个细胞中可有数万种具有不同功能的蛋白质。通常这些蛋白质不是单独发挥作用的，而是通过与其他蛋白质或分子（如 DNA 和 RNA）相互作用来共同执行特定的功能。其中，蛋白质-蛋白质相互作用（protein-protein interaction，PPI）是蛋白质发挥功能的重要途径，在细胞周期调控、代谢和信号转导以及疾病等生物学过程中发挥着重要作用。PPI 已成为蛋白质组学研究的重要领域，对 PPI 的研究不仅有助于了解细胞内蛋白质的功能，还对发现未知蛋白的功能提供了线索，更为探索疾病发病机制和治疗靶点提供了必要的信息。

到目前为止，已经开发了很多 PPI 预测工具和实验技术来预测或验证蛋白质的相互作用。然而，通过任何预测工具获得的 PPI 都不是 100% 正确的，即预测工具显示有很强的 PPI，但在实验中可能并不存在。同样，没有任何实验结果可以排除 PPI，因为蛋白质相互作用取决于很多条件，比如蛋白质浓度、蛋白质状态、细胞条件等。因此，确定一个 PPI 需要进行多种实验。常用的实验方法包括酵母双杂交（yeast two-hybrid）、免疫共沉淀（co-immunoprecipitation，Co-IP）、串联亲和纯化质谱（tandem affinity purification-mass spectroscopy，TAP-MS）等。这些实验方法各有优劣，应根据具体研究目的来确定采用什么方法。本章就目前常用的蛋白质相互作用的数据库和研究方法做一介绍。

一、蛋白质-蛋白质相互作用数据库

在过去的几十年里，利用质谱测序技术，研究者获得了大量的蛋白质相互作用信息。这些蛋白质及其相互作用信息已经存入在线数据库，可利用生物信息学方法预测蛋白质相互作用。利用各种类型和不同水平的信息，人们已经开发出预测直接 PPI 的计算方法。主要的预测理论基础包括序列同源性、蛋白质结构域和基因共表达。序列同源性是指进化保守的蛋白质具有相对保守的蛋白质相互作用，因此可以利用一个物种中的蛋白质相互作用数据推测另一物种中对应同源蛋白的相互作用。蛋白质的相互作用一般是通过特定蛋白质结构域来完成的，因此，可利用已知的结构域相互作用数据来预测具有类似结构域的蛋白质的相互作用。功能相近或相关的基因在基因组中的排列具有一定规律，比如功能相关的基因倾向于在基因组中排列相近。

广泛使用的 PPI 数据库有 STRING、IntAct、MINT、DIP、HPRD、PINA 等。不同的数据库所基于的预测计算理论基础权重不同，且不同数据库对蛋白质相互作用的注释也有不同，可能是基于实验观察，也有可能是预测等。需要注意的是，如果是通过生物信息学分析预测而得到的 PPI，需要通过实验进一步验证。

（一）STRING 数据库

STRING（Search Tool for the Retrieval of Interacting Genes/Proteins；http://cn.
string-db.org/）数据库是经典的 PPI 数据库（图 5-1），包含已经实验验证的和预测的
PPI，是基于功能相关的 PPI，在两个相互作用的蛋白质或基因之间应该有特定的功
能关系。数据库中的相互作用基于不同的数据来源，比如主数据库的已知交互、使
用各种统计学方法进行预测的信号通路知识、使用基因组信息进行的预测等。相互
作用分为物理相互作用（直接）和功能相互作用（间接）。

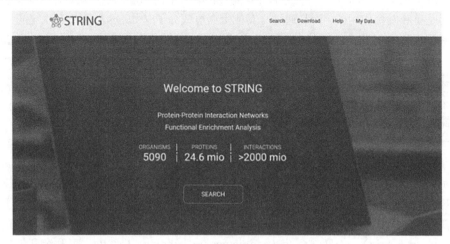

图 5-1　STRING 主页

点击"Search"，进入搜索界面（图 5-2），用户可以使用不同的关键字访问数据
库中的数据，关键字可以是单个或多个蛋白质名称、一个氨基酸序列或多个氨基酸
序列，也可以按同源群（COG）的聚类而不是按生物体中的蛋白质名称进行搜索。

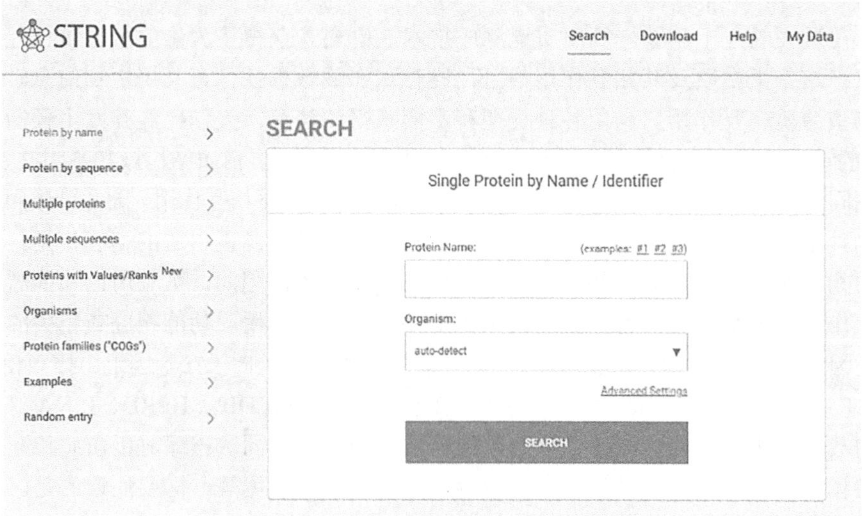

图 5-2　STRING 搜索界面

搜索完成，就可以获得在特定物种中与目标蛋白具有相互作用的网络图（图 5-3）。节点通常是基因或蛋白质，根据用于检测相互作用的方法，边缘用不同的颜色表示。颜色指示为来自各种来源的相互作用的可靠性提供了证据，如高通量实验数据、来自相关数据库的数据挖掘、来自已发表数据和共表达基因的分析等。

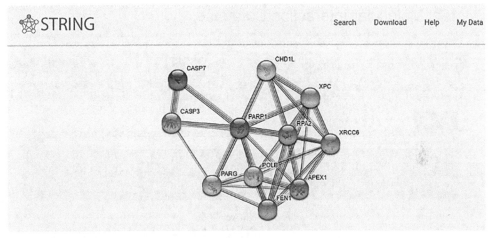

图 5-3　与 PARP1 相互作用的蛋白质网络

预测的蛋白质功能相关性是根据置信分数进行排名的（图 5-4）。这些分数是通过将这组关联与 KEGG 数据库中手工创建的分类方案进行比较得出的。每个分数代表了一个关联，提供了两个蛋白质之间的功能联系的信息。

Your Input:

		Neighborhood	Gene Fusion	Cooccurence	Coexpression	Experiments	Databases	Textmining	[Homology]	Score
PARP1	Poly [ADP-ribose] polymerase 1; Involved in the base excision repair (BER) pathway, by catalyzing the poly(ADP-ribosyl)ation of a limited number of acceptor proteins involved in chromatin architecture and in DNA metabolism. This modification follows DNA damages and appears as an obligatory step in a detection/signaling pathway leading to the reparation of DNA strand breaks. Mediates the poly(ADP-ribosyl)ation of APLF and CHFR. Positively regulates the transcription of MTUS1 and negatively regulates the transcription of MTUS2/TIP150. With EEF1A1 and TXK, forms a complex that acts as a T [...] (1014 aa)									

Predicted Functional Partners:

PARG	Poly(ADP-ribose) glycohydrolase; Poly(ADP-ribose) synthesized after DNA damage is only present transiently and is rapidl...					●	●	●		0.997
CASP3	Caspase-3; Involved in the activation cascade of caspases responsible for apoptosis execution. At the onset of apoptosis...					●	●	●		0.990
CHD1L	Chromodomain-helicase-DNA-binding protein 1-like; DNA helicase which plays a role in chromatin-remodeling following D...						●	●		0.990
RPA2	Replication protein A 32 kDa subunit; As part of the heterotrimeric replication protein A complex (RPA/RP-A), binds and st...					●	●	●		0.987
POLB	DNA polymerase beta; Repair polymerase that plays a key role in base-excision repair. Has 5'-deoxyribose-5-phosphate lya...					●	●	●		0.986
FEN1	Flap endonuclease 1; Structure-specific nuclease with 5'-flap endonuclease and 5'-3' exonuclease activities involved in DN...					●	●	●		0.985
XPC	DNA repair protein complementing XP-C cells; Involved in global genome nucleotide excision repair (GG-NER) by acting a...						●	●		0.983
CASP7	Caspase-7; Involved in the activation cascade of caspases responsible for apoptosis execution. Cleaves and activates ste...						●	●		0.981
APEX1	DNA-(apurinic or apyrimidinic site) lyase; Multifunctional protein that plays a central role in the cellular response to oxidati...						●	●		0.980
XRCC6	X-ray repair cross-complementing protein 6; Single-stranded DNA-dependent ATP-dependent helicase. Has a role in chro...						●	●		0.978

图 5-4　预测的与 PARP1 具有相互作用的蛋白质得分

（二）IntAct 数据库

IntAct（http://www.ebi.ac.uk/intact/home）是一个免费的开源分子相互作用数据库和分析工具，其数据来源于文献或用户提交的数据（图 5-5）。值得注意的是，该数据库所获得的相互作用不限于与靶蛋白相互作用的蛋白质，还包括与该蛋白质相互作用的化合物、基因等（图 5-6）。

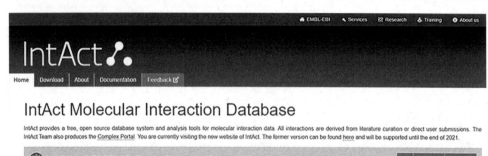

图 5-5　IntAct 主页

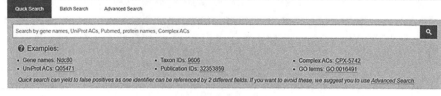

Search for PARP1 · PARP1 (P09874)

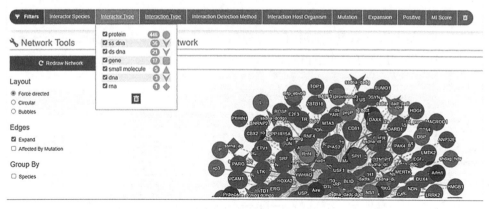

图 5-6　IntAct 搜索结果

（三）MINT 数据库

MINT（The Molecular INTeraction Database；http://mint.bio. uniroma2.it/）是蛋白质相互作用的开放存储库（图 5-7），存储经过同行评议和实验验证的分子间相互作用，包括直接和间接的功能相互作用数据。MINT 数据库由组织良好的相互作用数据组成，提供物种、相互作用类型、检测方法和文献来源等（图 5-8）。

The Molecular INTeraction Database
An ELIXIR Core Resource

Home   Stats   Download   API   Advanced Search   Contacts   About

Proteins, genes, public   [Search]

Welcome to MINT, the Molecular INTeraction database
MINT focuses on experimentally verified protein-protein interactions mined from the scientific literature by expert curators.

Protein interaction databases represent unique tools to store, in a computer readable form, the protein interaction information disseminated in the scientific literature. Well organized and easily accessible databases permit the

DATA CONTENT	
Publications:	6024
Interactions:	131695
Interactors:	26344
Organisms:	647

图 5-7　MINT 主页

The Molecular INTeraction Database
An ELIXIR Core Resource

Home   Stats   Download   API   Advanced Search   Contacts   About

Proteins, genes, public   [Search]

You searched for: PARP1

87 results for you query

Evidence List | Interaction Network

Gene A	Gene B	Interaction Type	Detection Method	PubMed	Details
Ywhae Mus musculus	Parp1 Mus musculus	Colocalization	Cosedimentation	16615898	+
Ywhae Mus musculus	Parp1 Mus musculus	Colocalization	Cosedimentation	16615898	+

图 5-8　MINT 搜索结果

（四）DIP 数据库

相互作用蛋白质数据库（The Database of Interacting Proteins，DIP；http://dip.doe-mbi.ucla.edu/dip/）是经实验证实的 PPI 的集合（图 5-9）。DIP 探索 PPI 的蛋白质功能和蛋白质相互作用网络的特性。查询的结果包括节点（node）和连接（link）（图 5-10）。节点展示所查询的蛋白质的特性，如蛋白质的功能域；连接是指与所查询靶蛋白具有相互作用的蛋白质，并提供相关文献和实验检测方法。通常 DIP 被认为是验证预测 PPI 的标准资源。它还扩展了其他服务，如同源验证法（paralogous verification method，PVM）、表达谱可靠性（expression profile reliability，EPR）和结构域配对验证（domain pair verification，DPV），以评估实验和预测的蛋白质数据。

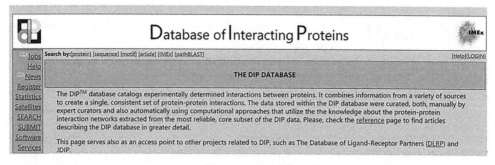

图 5-9　DIP 主页

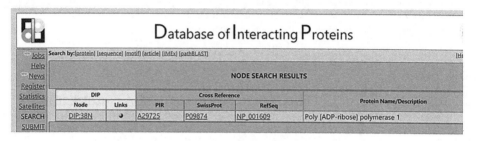

图 5-10　DIP 查询结果

（五）HPRD 数据库

人类蛋白质参考数据库（Human Protein Reference Database，HPRD；http://www.hprd.org）只收录人的 PPI，包括人类蛋白质组中蛋白质的结构域、翻译后修饰（post-translational modification，PTM）、相互作用网络和疾病关联等信息（图 5-11）。PPI 的信息是从已发表的文献中手工整理出来的。目前，该数据库有来自于 454 521 篇文章中的 30 047 个蛋白质的 41 327 次相互作用和 93 710 个 PTM。

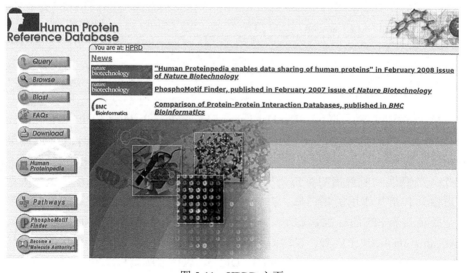

图 5-11　HPRD 主页

点击"Query"进入搜索，输出结果包括靶蛋白特性分析（SUMMARY）如细胞定位、结构域等，相互作用蛋白（INTERACTIONS）和翻译后修饰等（图 5-12）。

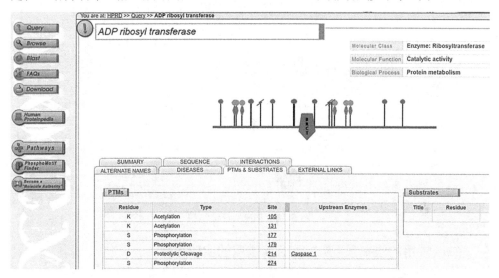

图 5-12　HPRD 查询结果

（六）PINA 数据库

蛋白质相互作用网络分析（Protein Interaction Network Analysis，PINA；http://omics.bjcancer.org/pina/）是蛋白质相互作用网络构建、过滤、分析、可视化和管理的综合平台（图 5-13）。

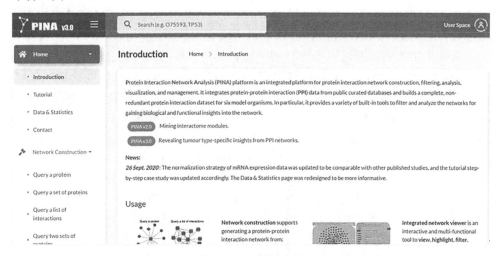

图 5-13　PINA 主页

PINA 整合了来自公共数据库的模式生物的非冗余蛋白质相互作用数据集，并提供了各种工具来过滤和分析 PPI 网络（图 5-14）。

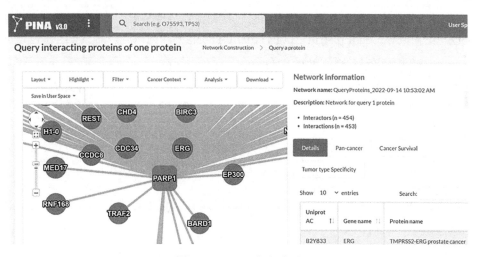

图 5-14　PINA 查询结果

二、常用的蛋白质-蛋白质相互作用的实验技术

(一) 酵母双杂交

　　酵母双杂交系统 (yeast two-hybrid system, Y2H) 是由 Fields 和 Song 等根据真核转录调控的特点创建的,是研究酵母细胞核内人工融合蛋白相互作用的常用的、有用的和敏感的方法,不仅可以检测稳定的相互作用蛋白,也可以检测弱的和短暂的蛋白质相互作用。酵母双杂交是在体内进行的,所以它最大的优点是检测的蛋白质处于其自然构象中,因此可以提高检测的灵敏度和准确性。近年来,酵母双杂交方法得到了极大的改进,包括在蛋白质-DNA 相互作用和酵母三杂交中的应用,并已证明适合于膜蛋白、DNA 结合蛋白和 RNA 结合蛋白的相互作用研究。

　　真核生物的转录激活因子含有两个独立的结构域:DNA 结合结构域 (binding domain, BD) 和 DNA 转录激活结构域 (activation domain, AD)。单独 BD 或 AD 都不能激活下游基因转录。在酵母双杂交系统中,将诱饵蛋白与猎物蛋白分别与 BD、AD 构建融合质粒,然后将两质粒转入带有报告基因的酵母细胞中表达;若两种蛋白之间有相互作用,则 BD 和 AD 在空间上接近,形成具有功能的转录因子,通过结合到报告基因的上游激活序列 (upstream activating sequence, UAS) 使得报告基因 (下游基因) 转录表达;若两种蛋白之间没有相互作用,则报告基因不表达 (图 5-15)。如果猎物蛋白是基因文库,则可利用酵母双杂交系统从基因文库筛出能与诱饵蛋白相互作用的蛋白。报告基因一般是一种营养标记,常用的有 HIS3、URA3、LacZ 和 ADE2 等,对应的宿主菌则是相应标记的缺陷型,必须要在含有该营养标记的培养基中生长。当有相互作用的蛋白存在时,报告基因被激活表达,从而能够在不含营养标记的培养基中生长。

　　因此,利用酵母双杂交系统,不仅能够快速、直接地分析已知蛋白之间的相互作用,而且能筛选与已知蛋白相互作用的未知蛋白,以研究蛋白质之间相互作用的传递途径;也能够以功能未知的新基因去筛选文库,然后根据钓到的已知基因的功

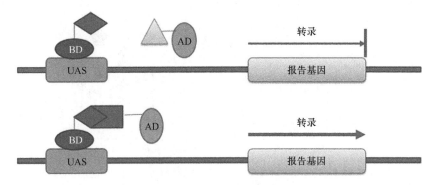

图 5-15　酵母双杂交原理

能推测分析该新基因的生物学功能。通过对待测蛋白做点突变或缺失突变处理，可以研究一对蛋白质间发生相互作用所必需的结构域。然而，对于经蛋白质翻译后修饰介导的蛋白质相互作用，可能因酵母缺乏相应的修饰酶而不能检测。另外，对于通过多种蛋白质相互作用而形成一个大的复合物来发挥功能的蛋白质相互作用，酵母双杂交系统也不适合。

（二）pull-down 实验

pull-down 实验是一种用于检测两种或两种以上蛋白质之间物理相互作用的体外技术，是确认预测的蛋白质相互作用或识别新的相互作用蛋白质的工具。这种分析方法与免疫共沉淀实验相似，都是利用亲和配体捕获相互作用的蛋白质。这两种方法的区别在于：免疫共沉淀使用固定化抗体来捕获蛋白质复合物，而 pull-down 法使用纯化和标记的蛋白质作为"诱饵"来结合任何相互作用的蛋白质。pull-down 法是将标记的蛋白质（诱饵）固定在特异结合标记的亲和配体上，以捕获和纯化与诱饵相互作用的其他蛋白质（猎物）。诱饵和猎物蛋白可以从多种来源获得，如细胞裂解物、纯化蛋白、表达系统和体外转录/翻译系统。与固定诱饵蛋白有相互作用的蛋白被吸附，没有相互作用的蛋白则流出。通过该技术可以研究与已知蛋白相互作用的未知蛋白，还可确定两种已知蛋白的相互作用关系（是否直接相互作用）。一般是将已知蛋白与一种易于纯化的标签蛋白融合表达。常用的标签蛋白是谷胱甘肽 S-转移酶（GST）和 6×His。细菌表达的 GST 融合蛋白或 6×His 融合蛋白可被用于直接测定蛋白质-蛋白质间相互作用，以及亲和纯化。GST 融合蛋白可与谷胱甘肽（GSH）琼脂糖珠相结合，6×His 融合蛋白与 Ni-NTA 琼脂糖珠结合，从而从非相互作用蛋白的溶液中纯化相互作用蛋白（图 5-16）。根据亲和配体的不同，用洗脱缓冲液洗脱相互作用的复合物，或直接用 SDS-PAGE 上样缓冲液煮沸洗脱。每一个实验都需要适当的对照来证明特异的相互作用不是假阳性。pull-down 实验之后，蛋白质组分通过 SDS-PAGE 进行分离，然后通过凝胶染色或蛋白质印迹检测进行分析。

pull-down 技术主要有两种应用：确定融合目标蛋白与未知蛋白间的新的相互作用，以及验证目标蛋白与已知蛋白间可疑的相互作用。pull-down 技术对探测蛋白在溶液中的相互作用特别有用，可以确定蛋白质间的直接相互作用及相互作用结构域

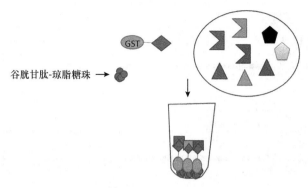

图 5-16　pull-down 原理示意图

和关键氨基酸，但由于 GST-融合蛋白或 His-融合蛋白是在细菌中表达，倘若相互作用需目标蛋白的翻译后修饰，则该方法不适用。此外，pull-down 属于半体内实验，仍需进一步体内实验如免疫共沉淀等的验证。

（三）免疫共沉淀（Co-Immunoprecipitation，Co-IP）

免疫沉淀（immunoprecipitation，IP）是一种利用特异性抗体纯化富集靶蛋的方法。在免疫沉淀中，抗体的使用可导致某些多克隆抗体与其抗原相互作用形成抗原-抗体复合物的自发沉淀。为了能稳定地通过沉淀获得抗原，一般使用直接固定在琼脂糖珠上的特异性抗体，或偶联有能结合抗体保守区的蛋白 A/G 的琼脂糖珠从蛋白质混合物中沉淀纯化抗原。纯化的抗原（蛋白质）再通过 SDS-PAGE 等进一步分析。Co-IP 利用免疫沉淀的方法来识别与抗原相互作用的蛋白，是蛋白质相互作用研究中最流行的方法之一。Co-IP 可用于检测两个已知蛋白间的相互作用，或利用已知蛋白寻找与之相互作用的未知蛋白。免疫共沉淀的基本原理为：当细胞在非变性条件下被裂解时，完整细胞内存在的许多蛋白质相互作用被保留了下来，假如细胞内存在 XY 蛋白质复合物，用 X 的抗体免疫沉淀 X，那么与 X 在体内结合的蛋白质 Y 也被沉淀下来。因此，在细胞裂解液中加入 X 的抗体沉淀蛋白 X，随后利用蛋白印迹检测沉淀中是否存在蛋白 Y，如果存在，则说明细胞内存在 XY 蛋白质复合物，即蛋白质 XY 存在相互作用（图 5-17）。

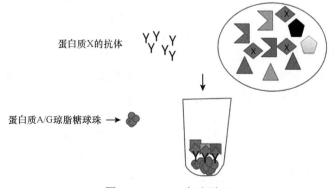

图 5-17　Co-IP 实验原理

典型的 Co-IP 实验包括几个步骤：制备蛋白质提取物（通常是细胞裂解物）、将特定抗体偶联到琼脂糖珠、纯化特定蛋白质复合物以及分析 Co-IP 复合物。当抗体、诱饵蛋白和与诱饵相关的蛋白质结合时，未结合的蛋白质被冲走。纯化的蛋白质复合物可以通过质谱或蛋白印迹分析鉴定。根据抗体的特异性和质量以及实验条件的不同，Co-IP 实验可能会由于与抗体或琼脂糖珠的非特异性结合而产生假阳性。因此，设置阴性对照，如没有诱饵蛋白或抗体的平行实验，对于确定真正的相互作用蛋白是很重要的。质谱仪器灵敏度的提高也显著降低了成功鉴定蛋白质所需的起始蛋白质样品的质量和数量。Co-IP 是确定完整细胞内生理性相互作用的有效方法，可以验证疑似蛋白质的相互作用，也可筛选与目标蛋白结合的新的蛋白质。此方法最大的缺点是需要培养大量细胞，并且对于低亲和力和瞬间的蛋白质相互作用可能检测不到。此外，免疫共沉淀仅对从细胞中溶出的并存留在生理复合物中的蛋白质有效，对于检测巨大的、不溶性的大分子结构的蛋白质相互作用（如核基质）并不适用。

（四）荧光共振能量转移

以上 3 种方法都不能提供相互作用蛋白质空间分布方面的信息，且免疫共沉淀等方法需要破坏细胞，所获得的蛋白质相互作用并非处于正常生理条件下。细胞免疫化学染色可以提供特定蛋白质在细胞内的定位，但却不能证明两个蛋白质是否真正地在体内有直接相互作用。荧光共振能量转移（fluorescence resonance energy transfer，FRET）技术则适用于在细胞正常的生理条件下，验证已知分子间是否存在相互作用。FRET 技术可在活细胞的正常生理条件下进行检测，观察大分子在细胞内的构象变化与相互作用，并弥补了需破碎细胞检测相互作用的缺点；灵敏度高，可实现对单细胞水平的研究，可用于研究单个受体分子。

FRET 是一种采用物理方法检测分子间的相互作用的方法，是两个荧光分子间在距离很近时产生的非放射性能量转移现象，可用于检测细胞中的两个蛋白质分子是否有直接的相互作用。能量从激发态荧光供体以非常接近的波长转移到荧光受体。供体荧光的激发可以引起受体荧光的敏化发射。通过分析供体/受体的稳态荧光发射率，可以检测并定量 FRET。

将待研究的两个蛋白质分别标记一种荧光分子，如青色荧光蛋白（cyan fluorescent protein，CFP）和黄色荧光蛋白（yellow fluorescent protein，YFP），供体荧光分子的发射光谱应与受体荧光分子的吸收光谱重叠。当这两个蛋白质分子有相互作用时，这两种荧光分子空间距离很近，供体荧光分子 CFP 激发后产生的能量转移到受体荧光分子 YFP 上，使 YFP 发出黄色荧光。若这两种蛋白质分子没有相互作用，则 CFP 被激发后发出蓝绿色荧光。通过荧光强度的变化可检测两种蛋白质间的相互作用的强弱（图 5-18）。

一个理想的 FRET 相互作用体系，要求要有一对合适的荧光物质，即供体的发射光谱与受体的吸收光谱有明显的重叠；当供体的激发波长对受体无影响时，供体和受体的发射光谱要完全分开，否则容易造成光谱干涉而使反应体系不稳定；并且这些荧光物质要能够标记在研究对象上。目前，较为常用的供体-受体分子对主要有

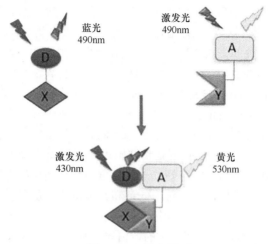

图 5-18　FRET 原理

绿色荧光蛋白（GFP）类和染料类。绿色荧光蛋白类有 CFP-YFP、BFP（蓝色荧光蛋白）-GFP、BFP-YFP 等，染料类有 Cy3～Cy5、FITC-Rhodamine 等。

【参考文献】

格林 M R，萨姆布鲁克 J. 2017. 分子克隆实验指南 . 4 版 . 北京: 科学出版社.

Jares-Erijman EA, Jovin TM. 2003. FRET imaging. Nat Biotechnol, 21(11): 1387-1395.

Kumar V, Mahato S, Munshi A, et al. 2018. PPInS: A repository of protein-protein interaction sitesbase. Sci Rep, 8(1): 12453.

Lin JS, Lai EM. 2017. Protein-protein interactions: Co-immunoprecipitation. Methods Mol Biol, 1615: 211-219.

Lin JS, Lai EM. 2017. Protein-protein interactions: Yeast two-hybrid system. Methods Mol Biol, 1615: 177-187.

Louche A, Salcedo SP, Bigot S. 2017. Protein-protein interactions: Pull-down assays. Methods Mol Biol, 1615: 247-255.

Miryala SK, Anbarasu A, Ramaiah S. 2018. Discerning molecular interactions: A comprehensive review on biomolecular interaction databases and network analysis tools. Gene, 642: 84-94.

（高芙蓉）

实验 5-1　酵母双杂交

【实验目的】

1. 掌握酵母双杂交的原理。

2. 熟悉酵母双杂交的操作过程。

【实验原理】

真核生物的转录激活因子含有两个独立的结构域：DNA-BD 和 DNA-AD。只有当这两种结构域共同作用时才能使转录正常进行。在酵母双杂交系统中，将诱饵蛋白（X）与猎物蛋白（Y）分别与 BD、AD 构建融合质粒，然后将两种质粒转入带有报告基因的酵母细胞中表达；若 X 和 Y 之间有相互作用，则 BD 和 AD 在空间上接近，形成具有功能的转录因子，通过结合到报告基因的 UAS 使得报告基因（下游基因）转录表达。报告基因一般是一种营养标记，常用的有 *HIS3*、*URA3*、*LacZ* 和 *ADE2* 等，对应的宿主菌则是相应标记的缺陷型，必须要在含有该营养标记的培养基中生长。当有相互作用的蛋白质存在时，报告基因被激活表达，从而能够在不含营养标记的培养基中生长。

目前酵母双杂交实验采用的系统有 LexA 系统和 Gal4 系统两种。在 LexA 系统中，BD 由 LexA 构成，AD 则由一个含 88 个氨基酸的酸性的大肠埃希菌多肽 B42 构成；在 Gal4 系统中，BD 和 AD 分别由 Gal4 蛋白上两个不同的结构域（1～147aa 与 768～881aa）构成。本实验以 Clontech 公司的 Matchmaker Gal4 Two-Hybrid System 系列为例进行讲解。

本实验主要采用 BD 酵母双杂交，步骤如下：

1. 将诱饵蛋白与 Gal4 的 DNA-BD 融合构建诱饵质粒。

2. 将诱饵质粒转化到缺乏报告基因启动子的酵母细胞株中，选择被转化的酵母。

3. 将待筛选的猎物蛋白与 AD 融合的文库质粒转化到酵母中。

4. 通过报告基因的功能筛选相互作用的蛋白。

【实验步骤】

1. 质粒构建　PCR 扩增诱饵蛋白基因，并克隆至 pGBKT7 载体；猎物蛋白的编码序列（通常是文库）克隆到 pGADT7，也可是单个的猎物蛋白的基因。

2. 酵母感受态细胞制备

（1）用 AH109 菌落接种于 3ml 酵母蛋白胨葡萄糖腺嘌呤（yeast peptone dextrose adenine，YPDA）培养基，30℃孵育过夜（16h）。

（2）在 50ml 新鲜 YPDA 培养基中加入 1ml AH109 过夜进行继代培养。

（3）30℃，250r/min，孵育 4h。

（4）将细胞倒入 50ml 的试管，450g 离心收集细胞，4℃或室温 3min。

（5）弃上清液，用 10ml 无菌水重悬细胞沉淀，再以 450g 离心沉淀细胞，4℃或室温离心 3min。

（6）用 1×LiAc 重悬细胞，于 30℃，150r/min 孵育 1h。

（7）悬浮的酵母感受态细胞可以用于转化。

3. PEG/LiAc 介导的酵母转化（诱饵和猎物质粒的小规模转化）

（1）100℃加热 10min 预处理 ssDNA，冰上放置 5～10min。

（2）将 80μl 经过热处理的 ssDNA（10μg/μl）添加到 1ml 酵母感受态细胞（最终浓度为 0.8mg/ml）中并充分混合。

（3）将酵母细胞混合物按 100μl 每管分装至 1.5ml 离心管中，并加入质粒 DNA（3～5μl）。通过涡旋充分混合，30℃孵育 30min。

（4）将新鲜制备的 LiAc-PEG 溶液（10×LiAc∶40%PEG=1∶10）700μl 于细胞混合物中混匀，30℃孵育 1h，然后 42℃，热激 5min，接着 14 500g 室温离心 1min，收

集细胞。

（5）弃上清液，用 300µl 灭菌水重悬细胞。

4. 筛选阳性克隆

（1）在 SD/-Trp-Leu 选择平板上培养细胞，并在 30℃培养 2～3 天。

（2）挑选单菌落培养于 SD/-Trp-Leu 选择平板上，并在 30℃培养 2 天。

5. 筛选具有蛋白质相互作用的克隆

（1）在 SD/-Trp-Leu（对照组）和 SD/-Trp-Leu-His Ade 选择平板上培养细胞 3～6 天。

（2）拍摄平板以记录最终的蛋白质-蛋白质相互作用结果。

6. 培养阳性克隆

（1）将单个阳性菌落在 3ml YPDA 或 2×SD 选择培养基中于 30℃培养过夜。

（2）将 100µl 过夜培养物（OD_{600} 应达到 1.5）加入至新鲜 5ml 2×SD 选择培养基。在 30℃摇动（约 250r/min）孵育至 OD_{600} 为 0.4～0.6，一般需 4～5h。

（3）将细胞置于 15ml 试管中，4℃ 1000g 离心 5min，收集细胞。

（4）弃上清液，用 10ml 无菌水重新悬浮细胞沉淀。

（5）4℃，1000g 离心 5min 收集细胞。

（6）重复步骤（4）和（5）。

（7）弃上清液。提取酵母蛋白或将试管放入液氮中速冻，储存于 −80℃，备用。

7. 酵母蛋白抽提物的制备及蛋白质印迹法（Western blotting）分析

（1）向含有细胞沉淀的试管中加入 100µl 新鲜制备的酵母蛋白质提取缓冲液，然后加入 50µl 酸洗玻璃珠。

（2）以最大速度涡旋试管 30s，然后将管置于冰上 30s。重复此步骤 6 次。

（3）将上清液转移到新的 1.5ml 离心管中，并置于冰上。上清液是第一次细胞提取物。

（4）在装有玻璃珠的试管中加入 50µl 酵母蛋白提取缓冲液，重复第（2）步。

（5）将上清液转移到含有第一次细胞提取物的 1.5ml 离心管中。

（6）将细胞提取物在 4℃，14 500g 离心 5min。

（7）将上清液转移到新的 1.5ml 离心管中并测量蛋白质浓度，并进行蛋白质印迹分析。

【注意事项】

1. 酵母蛋白提取缓冲液必须在使用前新鲜制备。

2. 酵母感受态细胞制备、转化及后续克隆筛选和培养需注意无菌。

3. 酵母阳性克隆划线培养用扁平牙签。

4. 酵母蛋白提取过程需在冰上操作，避免蛋白降解。

【实验材料】

1. 带有报告基因的宿主菌株，菌株具有相应报告基因缺陷，如酿酒酵母菌株

AH109，是 *Gal4* 和 *Gal80* 缺失型，具有 3 个报告基因 *ADE2*、*HIS3* 和 *MEL1*（或 *lacZ*）。这 3 个报告基因受 *Gal4* 上游激活序列（UAS）和 TATA 盒调控。

2. 与 BD 融合的 pGBKT7 携带 Kan⁺抗性基因和在酵母中选择的 TRP1 营养标记。

3. 与 AD 融合的 pGADT7 携带 Amp⁺抗性基因和在酵母中选择的 LEU2 营养标记。

4. YPDA 培养基：20g 胰蛋白胨，10g 酵母提取物，20g 葡萄糖，40mg 腺嘌呤，15g 琼脂（仅供平板使用），加水至 1L，高压灭菌。

5. 最小合成限定培养基（minimal synthetical defined medium，minimal SD medium）：1.675g 酵母氮基（不含氨基酸），5g 葡萄糖，3.75g 琼脂，加水至 250ml，高压灭菌。Dropout（DO）补充剂（即氨基酸缺陷混合物如-Trp-Leu 或-Trp-Leu-Ade-His）可添加到 SD 培养基中，以形成缺乏特定营养物质的合成培养基。

6. 载体 DNA：10mg/ml 鲑鱼精子 DNA（ssDNA），储存于−20℃。

7. 10× 乙酸锂：1mol/L 乙酸锂，pH 7.5，高压灭菌，室温储存。

8. 40% 聚乙二醇（PEG）溶液：22g 聚乙二醇（分子量为 6000Da 或 3350Da），加入 31ml 水，高压灭菌，室温保存。

9. 转化子的选择培养基：含有-Leu/-Trp-DO 补充剂（含有除亮氨酸和色氨酸以外的所有必需氨基酸）的 SD 平板。

10. PPI 的选择性培养基：含有-Leu/-Trp/-His/-Ade-DO 补充剂（含有除亮氨酸、色氨酸、组氨酸和腺嘌呤以外的所有必需氨基酸）的 SD 平板。

11. 酸洗玻璃珠（425～600μm）。

12. 蛋白酶抑制剂混合物。

13. 苯甲基磺酰氟（PMSF）储备溶液：0.1mol/L。

14. 酵母蛋白提取缓冲液：0.1% NP-40，250mmol/L NaCl，50mmol/L Tris-HCl（pH 7.5），5mmol/L EDTA。使用前，加入 1mmol/L 二硫苏糖醇、2×蛋白酶抑制剂混合物、4mmol/L PMSF。

【思考题】

酵母双杂交实验中，如何设置对照以避免假阳性或假阴性结果？

（高芙蓉）

实验 5-2　拉下（pull-down）实验

【实验目的】

1. 掌握 pull-down 实验的原理。

2. 掌握 pull-down 实验的操作。

【实验原理】

pull-down 法使用纯化的带有标签的诱饵蛋白来结合任何与其相互作用的蛋白质。常用的诱饵标签蛋白有谷胱甘肽-*S*-转移酶（glutathione-*S*-transferase，GST）和

6×His。细菌表达的 GST 融合蛋白或 6×His-融合蛋白可被用于直接测定 PPI 及亲和纯化。GST 融合蛋白可与谷胱甘肽（GSH）琼脂糖珠相结合，6×His 融合蛋白与 Ni-NTA 琼脂糖珠结合，从而从非相互作用蛋白的溶液中纯化相互作用蛋白。猎物蛋白可以从多种来源获得，如细胞裂解物、纯化蛋白、表达系统和体外转录/翻译系统。诱饵蛋白被琼脂糖珠固定，猎物蛋白如与诱饵蛋白相互作用，则被吸附；没有相互作用的蛋白则流出。根据亲和配体的不同，用洗脱缓冲液洗脱相互作用的复合物，或直接用 SDS-PAGE 上样缓冲液煮沸洗脱。洗脱物通过 SDS-PAGE 进行分离，通过凝胶染色或蛋白质印迹检测进行分析。pull-down 技术的缺点：由于 GST 融合蛋白或 His 融合蛋白是在细菌中表达，倘若相互作用需目标蛋白的翻译后修饰，则不适用该方法研究。此外，pull-down 属于半体内实验，仍需进一步体内实验如免疫共沉淀等的验证。

本实验以 GSH 琼脂糖的 pull-down 为例进行讲述。

【实验步骤】

1. 细胞裂解液蛋白样品制备

（1）将细胞从 37℃培养箱取出，弃培养基。

（2）加入 2ml 冷的 PBS 洗去残留细胞培养液，然后彻底弃去 PBS。

（3）10cm 培养皿中加入 2ml 细胞裂解液（蛋白酶抑制剂 PMSF 100×新鲜加入），冰浴 15min。

（4）用细胞刮收集细胞裂解液至 15ml 离心管，4℃，12 000g 离心 10min。

（5）转移上清液至新的 15ml 离心管备用（冰上）。

2. 谷胱甘肽（GSH）琼脂糖

（1）从 4℃冰箱中取出 GSH 琼脂糖，轻微重悬使均一，取 60μl 至新的离心管中。

（2）加入 500μl PBS，轻轻混匀，3000g 离心 30s，弃上清液，重复上述步骤 3～4 次，注意不要吸走琼脂糖。

3. GST pull-down

（1）将 50μg GST 标记的诱饵蛋白与 1mg 细胞裂解液（总体积＞400μl，一般为细胞裂解液的 90%，另 10% 为输入液）于旋转架上室温孵育 2h 或 4℃过夜。

（2）在上述离心管中加入 60μl GSH 琼脂糖，室温孵育 1h。

（3）3000g 离心 30s，弃上清液。

（4）洗涤：向沉淀中加入 500μl PBST，用移液器轻柔地吹打重新分散凝胶，旋转架上旋转 5min。3000g 离心 30s，弃上清液。重复 2 次。

（5）洗脱：在上述沉淀中加入 50μl 1×蛋白上样缓冲液，95℃煮沸 5min，冷却至室温并离心；取上清液进行 SDS-PAGE 检测。

（6）在 40μl 输入液中加入 10μl 的 5×蛋白上样缓冲液，95℃煮沸 5min，冷却至室温并离心，进行 SDS-PAGE 检测。

【注意事项】

1. 注意做好各管标记。

2. 注意不要吸走琼脂糖。

3. 作为阴性对照，可以用一个不相关的相同标签的融合蛋白，如 GST-GFP 融合蛋白，或者单独的标签表达。

4. 使用细胞裂解物的 pull-down 实验不能证明诱饵蛋白和猎物蛋白之间的相互作用是直接的，而只能确定它们是同一复合体的一部分。为了证明直接相互作用，必须纯化猎物蛋白，然后进行纯化诱饵蛋白和纯化猎物蛋白的 pull-down 实验。

5. 尽量在冰上或 4℃工作，以防止蛋白质降解或变性。

6. 特定的蛋白质-蛋白质相互作用可能需要不同的孵育温度和时间。

【实验材料】

1. 真核细胞、培养基、培养皿和细胞刮。

2. PBS：NaCl 136.89mmol/L，KCl 2.67mmol/L，Na$_2$HPO$_4$ 8.1mmol/L，KH$_2$PO$_4$ 1.76mmol/L。

3. PBST：PBS-0.5% Tween-20。

4. 细胞裂解液：150mmol/L NaCl，10mmol/L 4-羟乙基哌嗪乙磺酸（HEPES）pH 7.5，0.2% NP-40。

5. 蛋白酶抑制剂混合物和 PMSF（10mg/ml 异丙醇），冻存于-20℃。

6. 谷胱甘肽（GSH）琼脂糖珠（Pierce^{TM} 谷胱甘肽琼脂糖，#16100）。

7. 5×SDS 蛋白上样缓冲液：250mmol/L Tris-HCl pH 6.8，10%SDS，0.5% 溴酚蓝，50% 甘油，5% β-巯基乙醇。

【思考题】

1. 在进行 pull-down 实验中，还有哪些标签可以选择？试述各标签的优缺点。

2. 如何设置阴性、阳性对照？

（高芙蓉　徐　磊）

实验 5-3　免疫共沉淀

【实验目的】

掌握免疫共沉淀的原理及操作。

【实验原理】

免疫共沉淀（co-immunoprecipitation，Co-IP）是基于抗体和抗原之间的专一性作用来研究蛋白质相互作用的经典方法。它被认为是鉴定或确认体内蛋白质相互作用事件发生的标准方法之一。Co-IP 的优点：①相互作用的蛋白质都是经翻译后修饰的，处于天然状态；②蛋白质的相互作用是在自然状态下进行的，可以避免人为的影响；③可以分离得到天然状态的相互作用的蛋白质复合物。

Co-IP 可用来检测 3 种情况的 PPI：两种外源蛋白，一种外源蛋白和一种内源蛋白，两种内源蛋白。其基本原理为当细胞在非变性条件下被裂解时，完整细胞内存在的许多蛋白质相互作用被保留了下来，假如细胞内存在 XY 蛋白质复合物，用 X 的抗体免疫沉淀 X，那么与 X 在体内结合的蛋白质 Y 也会被沉淀下来。如果检测与外源蛋白相关的 PPI，则需要在真核细胞转染相关的质粒。

为了能稳定地通过抗体沉淀获得抗原，一般使用直接固定在琼脂糖或者磁珠上的特异性抗体（通常是标签抗体），或将结合抗体保守区的蛋白 A/G（protein A/G）偶联到琼脂糖或磁珠上，这是商品化 Co-IP 试剂盒常见的组成成分。Co-IP 可用于检测两个已知蛋白间的相互作用，或利用已知蛋白寻找与之相互作用的未知蛋白，两种蛋白质的结合可能不是直接结合，而可能有第三者在中间起桥梁作用。

典型的 Co-IP 实验步骤包括制备蛋白质提取物（通常是细胞裂解物）、将特定抗体偶联到磁珠/琼脂糖珠的蛋白 A/G、纯化特定蛋白质复合物以及分析 Co-IP 复合物。当 Co-IP 复合物被洗脱时，未结合的蛋白质被冲走。纯化的 Co-IP 复合物可以通过质谱或蛋白印迹分析鉴定。Co-IP 的缺点：①对于低亲和力和瞬间的蛋白质相互作用可能检测不到；②免疫共沉淀仅对从细胞中溶出的并存留在生理复合物中的蛋白质有效，对于检测巨大的、不溶性的大分子结构的蛋白质相互作用，如核基质并不适用。本实验以琼脂糖-蛋白 A/G 为例进行讲述。

【实验步骤】

1. 蛋白样品制备

（1）将细胞从 37℃ 培养箱取出，弃培养基。

（2）加入 2ml 冷的 PBS 洗去残留细胞培养液，然后彻底弃去 PBS。

（3）向 10cm 培养皿中加入 2ml Co-IP 裂解液（蛋白酶抑制剂 PMSF 100× 新鲜加入），冰浴 15min。

（4）用细胞刮收集细胞裂解液至 15ml 离心管，4℃ 离心，12 000g 离心 10min。

（5）转移上清液至新的 15ml 离心管备用（冰上）。

2. 蛋白 A/G 琼脂糖珠预处理

（1）取蛋白 A/G 琼脂糖珠 60μl 至新的离心管中。

（2）加入 500μl PBS，轻轻混匀，3000g 离心 30s，弃上清液，重复上述步骤 3～4 次，注意不要吸走琼脂糖。

3. 蛋白质样品的预纯化（可选）　预清除步骤将减少由于某些蛋白质组分黏附到蛋白 A/G 琼脂糖珠上而引起的背景噪声。

（1）对于每 1ml 细胞裂解液，添加 30μl 蛋白 A/G 琼脂糖珠，并在室温下旋转孵育 60min。

（2）4℃，3000g 离心 5min 去除蛋白 A/G 琼脂糖珠及非特异性结合蛋白。

4. 免疫共沉淀

（1）取上清液（蛋白质样品）作为 Co-IP 的"起始材料"。将上清液（约 1ml，一般为细胞裂解液的 90%，另 10% 作为 Input）与抗体在 4℃ 下缓慢旋转孵育过夜或室温孵育 2h。

（2）在上述管中加入蛋白 A/G 琼脂糖珠（约 30μl）4℃下缓慢旋转孵育 2h。

（3）4℃，3000g 离心 5min，弃上清液。

（4）洗涤：向沉淀中加入 1ml PBST，用移液器轻柔地吹打重新分散琼脂糖珠，旋转架上旋转 5min。4℃，3000g 离心 5min，弃上清液，重复 2～5 次。

（5）洗脱：在上述含蛋白 A/G 琼脂糖珠的离心管中加入 50μl 1×蛋白上样缓冲液，95℃煮沸 5min，冷却至室温，12 000g 离心 5min；取上清液进行 SDS-PAGE 检测。

可选低 pH 洗脱液洗脱：将 100μl 洗脱缓冲液加入上述含蛋白 A/G 琼脂糖珠的离心管中，置于室温下低速旋转 20min，洗脱蛋白质。

（6）在输入液中加入合适体积的 5×蛋白上样缓冲液，95℃煮沸 5min，冷却至室温并离心，进行 SDS-PAGE 检测。

【注意事项】

1. 在室温下孵育比在冷室中孵育的预清除效率高。

2. Co-IP 的抗体效价以蛋白印迹所用抗体效价为参考。一般来说，使用的滴度比用于蛋白印迹高 5～10 倍。

3. 将样品混合物放在旋转的轮子上，置于冷室中，轻轻旋转（10～12r/min）。这是一个关键的步骤，转速过高会影响抗体和蛋白 A/G 琼脂糖珠结合效率。

4. 洗脱液的选择：用样品缓冲液洗脱可用于直接蛋白印迹分析，洗脱效率高；如果分离的蛋白要用于酶实验或功能分析，则低 pH 条件下洗脱是较好的方法，但洗脱效率较低。

5. 细胞裂解采用温和的裂解条件，不能破坏细胞内存在的 PPI，多采用非离子变性剂（NP-40 或 Triton X-100）。每种细胞的裂解条件是不一样的，通过经验确定。不能用高浓度的变性剂。

6. 明确抗体能够用于免疫沉淀，使用对照抗体即同一种属的 IgG。

7. 结果真实性：①设置阴性对照，如没有诱饵蛋白或抗体的平行实验，对于确定真正的相互作用蛋白是很重要的。确保共沉淀的蛋白质是由所加入的抗体沉淀得到的。②确保抗体的特异性，即在不表达抗原的细胞溶解物中添加抗体后不会引起共沉淀。③确定蛋白质间的相互作用是发生在细胞内的，需要进行蛋白质的定位来确定。

【实验材料】

1. 真核细胞 HEK293、培养基、培养皿和细胞刮。

2. PBS：NaCl 136.89mmol/L，KCl 2.67mmol/L，Na$_2$HPO$_4$ 8.1mmol/L，KH$_2$PO$_4$ 1.76mmol/L。

3. PBST：PBS-0.5% Tween-20。

4. 细胞裂解液：150mmol/L NaCl，10mmol/L HEPES（pH 7.5），0.2% NP-40。

5. PMSF（10mg/ml 异丙醇），分装保存在-20℃。

6. 蛋白 A/G-免疫沉淀试剂盒（BBI，#C600688）。

7. 特异性抗体和对照抗体 IgG。

8. 5×SDS 蛋白上样缓冲液：250mmol/L Tris-HCl（pH 6.8），10% SDS，0.5% 溴酚蓝，50% 甘油，5% β-巯基乙醇。

9. 洗脱缓冲液：0.1mol/L 甘氨酸-盐酸（pH 2.5）。

【思考题】

免疫共沉淀实验中，如何避免假阳性或假阴性结果？

（高芙蓉）

实验 5-4　荧光共振能量转移

【实验目的】

1. 掌握荧光共振能量转移的原理。

2. 熟悉荧光共振能量转移的操作。

【实验原理】

荧光共振能量转移（fluorescence resonance energy transfer，FRET）技术利用的是两个荧光分子间在距离很近时产生的非放射性能量转移现象，即能量从激发态荧光供体以非常接近的波长转移到荧光受体。供体荧光的激发可以引起受体荧光的敏化发射。通过分析供体/受体的稳态荧光发射率，可以检测并定量 FRET。FRET 可以检测生理状态下细胞内已知分子间是否存在相互作用，其灵敏度高，可实现对单细胞水平的研究，研究单个受体分子。

目前，FRET 较为常用的供体-受体分子对主要有绿色荧光蛋白（green fluorescent protein，GFP）类和染料类。绿色荧光蛋白类有 CFP-YFP、BFP-GFP、BFP-YFP[①]等，染料类有 Cy3～Cy5，FITC-Rhodamine 等。将待研究的两个蛋白质分别标记 CFP 和 YFP，当这两个蛋白质分子有相互作用时，这两种荧光分子空间距离很近，供体荧光分子 CFP 激发后产生的能量转移到受体荧光分子 YFP 上，使 YFP 发出黄色荧光。若这两种蛋白质分子没有相互作用，则 CFP 被激发后发出蓝色荧光。通过荧光强度的变化可检测两种蛋白质间的相互作用的强弱。本实验以 CFP/YFP 的 FRET 为例进行讲述。

【实验步骤】

1. 分别构建编码 CFP 标记蛋白的质粒和编码 YFP 标记蛋白的质粒。

2. 将上述质粒转染入铺在腔室载玻片或盖玻片上的细胞中。

3. 转染后24h，荧光显微镜下观察 CFP 和 YFP 荧光，确定蛋白转染表达是否成功。

4. 在 FRET 之前，给细胞换成像培养基（不含有自发荧光成分）[细胞也可以用

---

① CFP：青色荧光蛋白，BFP：蓝色荧光蛋白，YFP：黄色荧光蛋白

4% 多聚甲醛（PFA）固定后观察]。

5. 在荧光显微镜下调焦，找到细胞。

6. 在 CFP（440nm）通道下，获得 CFP 激发-CFP 发射图像，此时 CFP 通道有信号，YFP 通道无信号或有弱信号，说明无 FRET，CFP 信号分布与 CFP 标记的蛋白一致；若 YFP 通道有信号，则说明发生了 FRET，CFP 和 YFP 的信号分布均与 CFP 标记的蛋白一致。

7. 在 YFP（515nm）通道下，获得 YFP 激发-YFP 发射图像，此时 CFP 通道无信号，YFP 通道有信号，YFP 信号分布与 YFP 标记的蛋白一致。

8. 对于可能发生 FRET 的细胞，对 YFP 进行光漂白（515nm 激光漂白），确认 FRET。在 CFP（440nm）通道下，YFP 通道无信号而 CFP 变亮，则说明确实发生了 FRET。

9. 通过漂白前后的 CFP/YFP 图像，获得 FRET 转移效率，即荧光寿命。

【注意事项】

1. 某些靶蛋白的一端融合可能会影响蛋白质相互作用，因此采用 N 端、C 端不同的蛋白融合结构，可提高 FRET 成功率。

2. 实验中尽可能缩短曝光时间，减少光漂白反应。

3. 不同目标蛋白的曝光条件不同，但在直接比对的实验中，必须采用相同的曝光条件。

4. 最好分析只含有一个细胞的图像。

5. 图像采集多个细胞时，每个细胞都应使用相同的曝光顺序。

【实验材料】

1. 细胞。

2. CFP、YFP 融合表达载体。

3. 转染试剂。

4. CO_2 非依赖性成像培养基（低背景的荧光培养基）。

【思考题】

FRET 实验中，如何避免假阳性或假阴性结果？

（高芙蓉）

第六章　定点诱变与蛋白质翻译后修饰

概　　述

一、基因定点诱变概述

寡聚核苷酸定点诱变（site-directed mutagenesis，SDM）技术由加拿大的生物化学家史密斯（Smith）于 1978 年发明，Smith 博士与发明 PCR 技术的马勒（Muller）博士分享了 1993 年诺贝尔化学奖。SDM 是指在体外对已知的 DNA 片段内的核苷酸进行转换、增删的突变，从而改变对应氨基酸序列及蛋白质结构。这一技术彻底改变了以往对 DNA 进行诱变时的盲目性和随机性，可以根据设计有目的地得到突变体。

定点诱变技术主要分为 PCR 介导的定点诱变、盒式诱变以及寡核苷酸介导的诱变。定点诱变常用于研究蛋白质相互作用位点的结构，改造酶的活性或者动力学特性，改造启动子或者 DNA 作用元件，引入新的酶切位点，提高蛋白质的抗原性或稳定性、活性，研究蛋白质的晶体结构，以及药物研发、基因治疗等方面。定点诱变是基因研究中的常用手段，也是研究蛋白质结构和功能之间的复杂关系的有力工具。

（一）定点诱变常用的方法

1. 寡聚核苷酸介导的定点诱变技术　该方法以 M13 噬菌体的 DNA（单链环形 DNA，即正链 DNA）为载体，当其感染大肠埃希菌后，借助宿主的酶系统先把正链 DNA 转化成双链，然后进行 DNA 复制扩增。首先将待诱变的目的基因插入到 M13 噬菌体的正链 DNA 上，制备含有目的基因的单链 DNA，再使用化学合成的含有突变碱基的寡核苷酸片段作引物，启动单链 DNA 分子进行复制。这段寡核苷酸引物便成为新合成的 DNA 子链的一个组成部分，将其转入细胞后，经过不断复制，可获得突变的 DNA 分子，再经表达即可获得改造后的蛋白质。此种方法保真度较高，但其缺点在于操作复杂，周期长，而且在克隆突变基因时会受到限制酶切位点的限制。

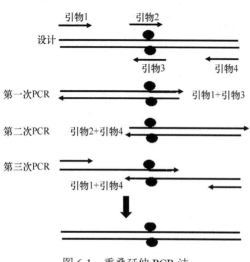

图 6-1　重叠延伸 PCR 法

2. PCR 介导的定点诱变方法

（1）重叠延伸 PCR 法：最初由火口（Higuchi）在 1988 年提出，其原理是首先扩增预突变的位点左右两侧的片段，这两个片段均包含预突变位点，之后混合重叠片段的 PCR 产物，使用一头一尾的引物扩增诱变基因的全长。整个实验过程共需要 3 次 PCR 反应（图 6-1）。3 次 PCR 分别以引物 1+引物 3 组合、引物 2+引物 4 组合及引物 1+引物 4 组合进行扩增，其中引物 2 和引物 3 含有突变序列。

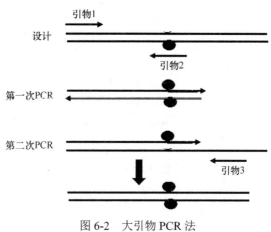

图 6-2　大引物 PCR 法

（2）大引物 PCR 法：最初由卡曼（Kammann）等于 1989 年提出。该方法共需要 2 个侧引物和 1 个诱变引物。诱变序列在引物 2 中（图 6-2）。首先使用诱变引物和侧引物中的其中 1 个，扩增产物经胶回收纯化后作为大引物再与另一侧引物进行第二次 PCR，从而产生全长的突变的 DNA。

（3）突变链靶向扩增定点诱变技术（targeted amplification of mutant strand，TAMS）：该技术在 2003 年由永（Young）等提出，如图 6-3 所示，图中黑点表示人为引入的突变，能够一次引入多个位点的突变，并且特异性扩增突变链，因此突变效率很高。该方法具体流程如下：首先通过线性 PCR 制备单链 DNA 模板，之后使用 2 个锚定引物（图 6-3 中 Anchor3、Anchor5）和多个诱变引物（图 6-3 中 Mut1、Mut2）进行突变链的合成，最后设计引物使其 3′端碱基分别与锚定引物引入的突变碱基配对，特异性扩增突变链。

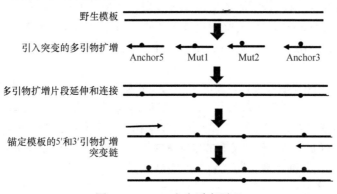

图 6-3　TAMS 定点诱变原理

（4）盒式诱变：是指人工合成具有突变序列的寡核苷酸片段，利用酶切位点替换野生型基因中的相应序列。具体操作：首先将目的基因克隆到适当的载体上，接着使用定向诱变的方法在两侧引入酶切位点后再连到同一载体上，然后将此载体用新引进的两个酶切位点切开成线形，最后用人工合成的只有目的密码子发生了变化的双链 DNA 诱变盒和线性载体酶连接，转化筛选所需的突变子（图 6-4）。盒式诱变简单易行，而且由于指定的突变区域 DNA 是合成的，因此可以得到任何可能的突变，而又不会产生任何混合的或非目的位点的突变，对于蛋白质功能的研究尤为有利。但是盒式诱变需要在突变位点两侧具有唯一的限制性酶切位点，大多数情况下这一条件很难满足，因此这种方法不具有通用性。

（5）快速定点突变法：该方法主要用于带有目的基因的质粒，可以同时突变一个或多个位点。具体操作方法为在待突变位点设计一对突变引物，直接以双链 DNA 为模板，使用高保真 DNA 聚合酶直接以 PCR 的方法引入突变，一步完成。由于 PCR 扩增的模板源于常规大肠埃希菌，是经 Dam 甲基化修饰的，因此可被 *Dpn*I 酶切开，从而保留 PCR 扩增出的突变质粒。随后进行转化、挑菌，获取突变质粒单克隆。该方法快速、高效、简单、方便，此处 SDM 实验以 PCR 快速定点诱变法为例进行讲解。

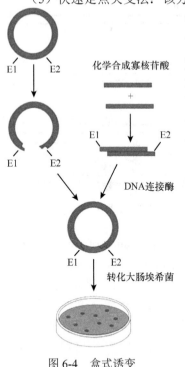

图 6-4　盒式诱变

（二）定点诱变的应用

SDM 可以通过基因某一位点的改变进而来改变蛋白质的一级结构，以此来改良或改造毒蛋白的活性，以选择高稳定性的突变体来改变酶的结构和功能。在基础研究方面，对于特定蛋白特定位点氨基酸功能、修饰的鉴定十分重要。

许多蛋白质翻译后会发生进一步的修饰，从而显著影响其物理性质和生物功能。这些翻译后修饰对包括神经元在内的所有真核细胞的活力至关重要。在体外或体内，识别特定蛋白质中被修饰的氨基酸残基并评估消除特定修饰位点对蛋白质功能的影响的技术在研究翻译后修饰中是非常重要的。强大的 SDM 技术可能为识别翻译后修饰位点提供了一种可行的方法。

对于不同的翻译后修饰，可参考以下对特定氨基酸进行定点诱变的原则：

1.磷酸化修饰。 ①持续磷酸化，把氨基酸（丝氨酸、苏氨酸或酪氨酸）突变为酸性氨基酸（谷氨酸或天冬氨酸）；②如果去磷酸化，把原来的氨基酸替换为结构差异比较大的氨基酸残基，或把丝氨酸和苏氨酸突变为丙氨酸，或把酪氨酸突变为苯丙氨酸。

2.SUMO 化修饰与酰化（乙酰、琥珀酰和丙二酰等）**修饰，** 如果去修饰，把赖氨酸突变为精氨酸。

3.甲基化修饰的功能失活， 则把赖氨酸突变为精氨酸，或精氨酸突变为赖氨酸，前提是需要鉴定有甲基化修饰。

4.糖基化修饰。 对于 N-连接的天冬酰胺位点突变谷氨酰胺，对于 O-连接的丝氨酸或苏氨酸突变为丙氨酸。

二、蛋白质 SUMO 化修饰

SUMO 是 "small ubiquitin-related modifier" 的缩写，即小分子泛素相关修饰，是蛋白质翻译后修饰的一种，主要在核蛋白的组装、保持基因组完整性、调节胞内信号途径等方面发挥重要的作用。在高等真核细胞中，SUMO 家族有 4 个成员，即 SUMO1～SUMO4，其中 SUMO2 和 SUMO3 高度相似，通常写作 SUMO2/3。蛋白质发生 SUMO 化修饰时，可以发生单 SUMO 化修饰，也可发生多聚 SUMO 化修饰。多聚 SUMO 化修饰需要在前一个 SUMO 分子的第 11 位赖氨酸上共价连接新的 SUMO 分子，SUMO1 没有第 11 位赖氨酸，故 SUMO1 修饰发生的是单 SUMO 化，而 SUMO2/3 可发生多 SUMO 化修饰。SUMO 化修饰是一个高度动态、瞬时可逆的过程，SUMO 分子在 E1 激活酶、E2 结合酶和 E3 连接酶的参与下共价结合到底物蛋白赖氨酸残基上，调控底物蛋白的结构与功能，在哺乳动物有 6 种 SUMO 特异性蛋白酶（sentrin/SUMO-specific protease，SENP），通过特异性地对底物靶蛋白去 SUMO 化修饰，与 SUMO 分子共同调节底物蛋白的 SUMO 化状态，进而调控细胞功能。目前存在 6 种 SENP，SENP1、SENP2、SENP3、SENP5、SENP6、SENP7，其中 SENP1 和 SENP2 分布在核周边，SENP3 和 SENP5 主要定位于核仁，而 SENP6 和 SENP7 主要存在于核质中。SENP1 是 SENP 家族中活性最强的一个蛋白酶。SUMO4 与 SUMO1～SUMO3 不同，第 90 位氨基酸残基为脯氨酸，对 SENP 蛋白酶不敏感。

SUMO 在最初合成时是一种前体形式，需要蛋白剪切酶进行活化加工，形成能够结合到底物赖氨酸上的异构肽键。C 端成熟的 SUMO 首先由 SUMO 活化酶 E1 所活化，E1 是异二聚体蛋白质复合物，由 Uba2 和 Aos1 所组成，活化过程需要 ATP 的参与，通过 SUMO 腺苷中间体将 SUMO 与 Uba2 上的半胱氨酸残基通过硫酯键连接起来。活化后的 SUMO 接下来被转移到 SUMO 结合酶 E2 Ubc9 的半胱氨酸残基上，SUMO 连接酶 E3 结合并催化 SUMO 连接到底物蛋白上。不同的 SUMO 化修饰底物有不同的 SUMO 连接酶 E3，而 Ubc9 则能够与各种底物蛋白相结合。SUMO 连接酶 E3 主要有三大家族：PIAS、RanBP2 和 PC2，它们都能与 Ubc9 相互作用促进 SUMO 化修饰。在对 SUMO 化修饰的目的蛋白进行分析之后，SUMO 化修饰主要发生在保守序列 ΨKXE/D（谷氨酸/天冬氨酸）。生物信息学预测即是使用序列 ΨKXE/D 的保守性。

目前已知的 SUMO 化修饰蛋白在人体内发挥着多重功能，如 P53 的 SUMO 化修饰介导该蛋白的转录与凋亡，IkBa 的 SUMO 化修饰，抑制该蛋白的泛素化，阻止了 NF-κB 的活化。GPS2 的 SUMO 化修饰能够稳定 G 蛋白通路的转录抑制复合物。SUMO 化也参与了肿瘤、阿尔茨海默病、亨廷顿病、动脉粥样硬化以及糖尿病等多种疾病的发病过程。在前列腺癌细胞中 SENP 蛋白的表达水平显著增加。在肺腺癌和卵巢癌组织中 UBC9 过表达。在乳腺癌中，*UBC9* 基因的多态性与肿瘤的等级密切相关。

鉴定蛋白质是否发生了 SUMO 化修饰，主流方法目前有两个：

1. 通过转染，使细胞过表达 6×His-SUMO1、Ubc9，以及目标蛋白进入细胞并提取细胞蛋白，然后利用镍柱或标签抗体亲和层析等方法检测蛋白是否能够发生 SUMO 化修饰。

2. 通过 SUMO 特异的抗体进行变性 IP 后，使用质谱检测。

（孙　婉　吕立夏）

三、蛋白质泛素化修饰

泛素化修饰是非常广泛和重要的翻译后修饰。泛素是一个广泛存在于真核生物体内的序列高度保守并且只含有 76 个氨基酸的小分子蛋白,多个泛素连接成链连接于底物蛋白上即蛋白质的泛素化修饰,泛素化修饰参与了多个细胞生理进程,如细胞周期进程、DNA 损伤修复、信号转导和各种蛋白质膜定位等。这些生理进程的变化(损伤)可引起一系列疾病的发生,如肿瘤的发生、转移以及各种神经退行性疾病等。泛素的氨基酸序列高度保守,泛素化过程是由 3 种酶共同催化完成的,包括 E1 激活酶、E2 结合酶和 E3 连接酶,与 SUMO 化类似。目前报道的多聚泛素化修饰主要有 8 种不同类型的连接方式,包括 K6、K11、K27、K29、K33、K48 和 K63,以及线性泛素化修饰(Met1-Ub)。

泛素链的不同连接形式具有不同的空间结构,从而携带不同的结构信息,发挥不同的生物学作用。其中,比较常见的泛素化连接类型为 K48 泛素链和 K63 泛素链,这两者被称为经典泛素链,前者主要作为介导泛素化蛋白的特异性降解的信号,后者主要介导非蛋白质降解信号,其他泛素链类型被称为非经典泛素链,其功能和调控机制报道相对较少。但随着科学研究的不断深入,非经典泛素化修饰被发现具有非常重要的功能。这些不同类型的泛素化修饰调控着相同或不同的生物学功能。例如:K6 泛素化修饰参与调控 DNA 损伤修复和线粒体自噬;K11 泛素化修饰参与调控细胞周期和线粒体自噬;K27 泛素化修饰参与 DNA 损伤修复;K33 泛素化修饰可调控 DNA 损伤修复和高尔基体转运;K48 泛素化修饰主要介导蛋白酶体对底物蛋白的降解;K63 泛素化修饰则调控底物蛋白参与 DNA 损伤修复、线粒体自噬和细胞内吞作用等生理过程。

研究蛋白质泛素化需要明确 3 个基本点:①哪些蛋白质发生了泛素化?②发生泛素化的蛋白质的哪个赖氨酸参与发生了泛素化?③泛素化的程度如何进行定量?

目前常用的检测蛋白质泛素化的方法主要分为体内及体外两类:

(1)体内:包括变性蛋白免疫沉淀法、镍 NTA 亲和层析法、串联泛素结合实体(tandem ubiquitin binding entities,TUBEs)法。

(2)体外:底物蛋白与 E1 激活酶、E2 结合酶和 E3 连接酶的体外反应。

【参考文献】

Chen Y, Wang L, Jin J, et al. 2017. P38 inhibition provides anti-DNA virus immunity by regulation of USP21 phosphory-lation and STING activation. J Exp Med, 214(4): 991-1010.

Deng L, Jiang C, Chen L, et al. 2015. The ubiquitination of rag A GTPase by RNF152 negatively regulates mTORC1 activation. Mol Cell, 58(5): 804-818.

Higuchi R, Krummel B, Saiki RK. 1988. A general method of *in vitro* preparation and specific mutagenesis of DNA fragments: study of protein and DNA interactions. Nucleic Acids Res, 16(15): 7351-7367.

Kammann M, Laufs J, Schell J, et al. 1989. Rapid insertional mutagenesis of DNA by polymerase chain reaction (PCR). Nucleic Acids Res, 17(13): 5404.

Kono M, Miyazaki G, Nakamura H, et al. 1998. Site-directed mutagenesis in hemoglobin: attempts to control the oxygen affinity with cooperativity preserved. Protein Eng, 11(3): 199-204.

Li H, Xiao N, Wang Y, et al. 2017. Smurf1 regulates lung cancer cell growth and migration through interaction with and ubiquitination of PIPKIgamma. Oncogene, 36(41): 5668-5680.

Mendes AV, Grou CP, Azevedo JE, et al. 2016. Evaluation of the activity and substrate specificity of the human SENP family of SUMO proteases. Biochim Biophys Acta, 1863(1): 139-147.

Mukhopadhyay P, Roy KB. 1998. Protein engineering of BamHI restriction endonuclease: replacement of Cys54 by Ala enhances catalytic activity . Protein Eng, 11(10): 931-935.

Park CW, Ryu KY. 2014. Cellular ubiquitin pool dynamics and homeostasis. BMB Rep, 47(9): 475-482.

Shimizu Y, Taraborrelli L, Walczak H. 2015. Linear ubiquitination in immunity. Immunol Rev, 266(1): 190-207.

Swatek KN, Komander D. 2016. Ubiquitin modifications. Cell Research, 26(4): 399-422.

Tessier DC, Thomas DY. 1996. PCR-assisted mutagenesis for site-directed insertion/deletion of large DNA segments. Methods Mol Biol, 57: 229-237.

Vallejo AN, Pogulis RJ, Pease LR. 2008. PCR mutagenesis by overlap extension and gene SOE. CSH Protoc, 2008: pdb. prot4861.

Young L, Dong Q. 2010. Targeted amplification of mutant strands for efficient site-directed mutagenesis and mutant screening. Methods Mol Biol, 634: 147-155.

（陈云飞　王　平）

实验 6-1　PCR 介导的快速定点诱变

【实验目的】

1. 掌握定点诱变技术的原理及操作。

2. 能够根据自己的研究目的，设计突变引物并构建突变质粒。

【实验原理】

该方法用于对带有目的基因的质粒的快速定点诱变，根据单位点还是多位点诱变的目的不同，可以同时突变一个或多个位点。该实验的关键是突变位点引物的设计。获得含有突变位点的引物，直接以重组质粒为模板，使用高保真 DNA 聚合酶进行 PCR。PCR 扩增的重组质粒模板源于常规的大肠埃希菌，均有甲基化修饰。因此，在 PCR 结束后，用 *Dpn*I 酶消化降解质粒模板，从而保留 PCR 扩增出的突变质粒的线性片段。随后进行转化、鉴定，获取突变质粒单克隆。本实验以天根 Fast Site-Directed Mutagenesis 试剂盒为例进行讲解。

【实验步骤】

1. 引物设计

（1）只有一个突变位点：此类引物包括 5′ 重叠区和 3′ 延伸区两部分。引物总长度大约为 30nt，其中 5′ 重叠区为 15~20nt，3′ 延伸区至少为 10nt。突变位点在正向突变引物的重叠区之后，反向突变引物的 5′ 端。

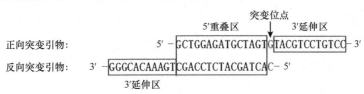

（2）2～5 个突变位点：此类引物的两条序列完全互补，分为突变区和非突变区两部分。引物总长度大约为 40nt，其中突变区为 15～20nt，非突变区至少为 10nt。根据实验需求可在突变区内设计 2～5 个突变位点。

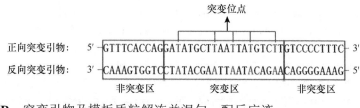

2. PCR 突变引物及模板质粒解冻并混匀，配反应液。

DNA 模板（10～100ng/µl）	1µl
上游引物（10µmol/L）	2µl
下游引物（10µmol/L）	2µl
5×FastAlteration 缓冲液	10µl
FastAlteration DNA 聚合酶（1U/µl）	1µl
ddH₂O 至	50µl

反应液充分混匀后放入 PCR 仪中进行反应，反应条件为：94℃ 2min，然后 94℃ 20s，55℃ 10s，68℃ 2.5min，18 个循环，最后 68℃ 5min，PCR 产物进行 1% 琼脂糖凝胶电泳。

3. 每 50µl PCR 产物加入 1µl *Dpn*I 酶，37℃消化 1h，消化降解质粒模板。

4. 转化感受态细菌，参考实验 1-2。

【注意事项】

1. 两条引物上都要包含突变位点，且除突变位点以外的碱基都要与质粒模板互补配对。

2. 为保证高突变率，突变引物需通过快速蛋白质液相层析（FPLC）或聚丙烯酰胺凝胶电泳（PAGE）方式纯化。注意引物设计质量。

3. 本实验使用的感受态细菌为 FDM 感受态细菌。FDM 菌株的基因型为 F-φ80 lacZΔM15 Δ(lacZYA-argF)U169 recA1 endA1 hsdR17(rK−,mK+) phoA supE44 thi-1 gyrA96 relA1 tonA。特点：FDM 菌株具有体内降解甲基化质粒模板的功能，同时具有 T1、T5 噬菌体抗性；菌株转化效率高，适用于高效的 DNA 克隆、质粒扩增和定点突变实验。

【实验材料】

1. 模板 DNA。

2. Fast Site-Directed Mutagenesis 试剂盒（天根生物，#KM101）。

【思考题】

定点诱变实验中，如何增加突变成功率？

（孙　婉）

实验 6-2　蛋白质小分子泛素相关修饰物蛋白（SUMO）化位点鉴定

【实验目的】

1. 掌握 SUMO 化修饰位点的预测方法。

2. 了解鉴定蛋白质 SUMO 化修饰的原理及操作。

【实验原理】

SUMO 化修饰主要发生于保守序列 ΨKXE/D（谷氨酸/天冬氨酸）。生物信息学预测即利用了序列 ΨKXE/D 的保守性。克隆靶蛋白于有标签的真核表达载体，标签可以为 6×His、Flag 或 HA 等。将靶基因质粒和 His-SUMO1 质粒、Ubc9 质粒共转染 HEK293 细胞，采用免疫沉淀方法富集 SUMO 化蛋白，然后通过免疫印迹进行检测。本实验以 TRAF6 蛋白 SUMO 化修饰为例进行讲解。

【实验步骤】

1. SUMO 化修饰位点的预测

（1）以 GPS-SUMO 为例，点击登录官网 http://sumosp.biocuckoo.org/online.php。

（2）在输入框处输入人蛋白 TRAF6 的氨基酸排列的 FASTA 格式。

>NP_665802.1 TNF receptor-associated factor 6 [Homo sapiens]

MSLLNCENSCGSSQSESDCCVAMASSCSAVTKDDSVGGTASTGNLSSSFMEEI
QGYDVEFDPPLESKYECPICLMALREAVQTPCGHRFCKACIIKSIRDAGHKCPVDNE
ILLENQLFPDNFAKREILSLMVKCPNEGCLHKMELRHLEDHQAHCEFALMDCPQCQ
RPFQKFHINIHILKDCPRRQVSCDNCAASMAFEDKEIHDQNCPLANVICEYCNTILIR
EQMPNHYDLDCPTAPIPCTFSTFGCHEKMQRNHLARHLQENTQSHMRMLAQAVHS
LSVIPDSGYISEVRNFQETIHQLEGRLVRQDHQIRELTAKMETQSMYVSELKRTIRTL
EDKVAEIEAQQCNGIYIWKIGNFGMHLKCQEEEKPVVIHSPGFYTGKPGYKLCMRL
HLQLPTAQRCANYISLFVHTMQGEYDSHLPWPFQGTI

RLTILDQSEAPVRQNHEEIMDAKPELLAFQRPTIPRNPKGFGYVTFMHLEALRQ
RTFIKD

DTLLVRCEVSTRFDMGSLRREGFQPRSTDAGV

然后，点击"SUBMIT"，即可得到结果（图 6-5）。

2. TRAF6 蛋白 SUMO 化修饰位点的鉴定

（1）基于 Flag-TRAF6 真核表达质粒，采用定点诱变的方法（参考实验 6-1）构建单位点 K to R TRAF6 的突变质粒。

（2）将 TRAF6 野生型与突变型质粒分别与 His-SUMO1 质粒、Ubc9 质粒共转染 HEK293 细胞。转染后48h 收集细胞，使用 IP 技术进行 SUMO 化位点的鉴定（参考实验 4-2）。

Result has 4 items!

ID	Position	Peptide	Score	Cutoff	P-value	Type
NP_665802.1 TNF receptor-associated factor 6 [Homo sapiens]	124	LFPDNFAKREILSLM	2.205	2.13	0.044	Sumoylation Concensus
NP_665802.1 TNF receptor-associated factor 6 [Homo sapiens]	127 - 131	DNFAKREILSLMVKCPNEG	32.052	29.92	0.18	SUMO Interaction
NP_665802.1 TNF receptor-associated factor 6 [Homo sapiens]	319	QIRELTAKMETQSMY	3.325	2.13	0.035	Sumoylation Concensus
NP_665802.1 TNF receptor-associated factor 6 [Homo sapiens]	489	LRQRTFIKDDTLLVR	9.573	2.13	0.019	Sumoylation Concensus

图 6-5　TRAF6 蛋白 SUMO 化位点的预测

【注意事项】

注意 SUMO 蛋白与目的蛋白是共价结合，免疫沉淀实验中富集的潜在 SUMO 化蛋白的分子量为目的蛋白分子量加上 SUMO 蛋白分子量。

【实验材料】

1. 质粒：6×His-SUMO1、Ubc9 和 Flag-TRAF6。

2. HEK293 细胞、高糖 DMEM 完全培养基、细胞培养皿、细胞刮等。

3. 免疫沉淀实验材料同实验 4-2。

【思考题】

进行位点鉴定时，为何使用 K to R 策略？

（孙　婉）

实验 6-3　蛋白质泛素化检测——变性免疫沉淀法

【实验目的】

理解变性免疫沉淀法检测蛋白质泛素化的原理。

【实验原理】

克隆靶蛋白于有标签的真核表达载体，标签可以为 6×His、Flag 或 HA 等。将靶基因质粒和 Ub 质粒共转染 HEK293 细胞，采用变性免疫沉淀方法富集泛素化蛋白，然后通过免疫印迹进行检测。有一些蛋白质泛素化修饰比较弱，检测时需要共转染靶基因质粒、Ub 质粒和 E3 连接酶质粒。

【实验步骤】

1. 在 HEK293T 细胞中用磷酸钙法转染 Ub 及相应的表达质粒，24h 后收样。

2. 吸除培养基,用 PBS 清洗并吹下细胞,将细胞收集至 1.5ml EP 管中,4500r/min 离心 5min,吸除 PBS 后加入裂解液(6 孔板,100µl/孔),充分振荡混匀后于 100℃ 煮样 15～20min。

3. 每个样本中加入 900µl 稀释液,至 4℃冰箱的静音混合器上孵育 30min 后,4℃ 12 000r/min 离心 30min。

4. 每个样本取 30µl 上清液至新的 1.5ml EP 管中作为总蛋白检测,于−20℃ 保存;剩余的上清液用于后续免疫共沉淀。

5. 准备免疫磁珠:按每个样本 5µl 的量吸取磁珠(Flag-M2 beads 或 HA-beads),用稀释液洗磁珠 3 次(正反瞬时离心,离心时速度不超过 8000r/min)。之后将磁珠分装至每个样本的上清液中,于 4℃混合器上孵育 2h 后正反瞬时离心 EP 管。

6. 吸除上清液后用洗液洗磁珠 3 次(正反瞬时离心,离心时速度不超过 8000r/min),用 1ml 注射器吸干残余液体。

7. 向磁珠中加入 40µl 2× 结合缓冲液(loading buffer),100 ℃煮样 10min。12 000r/min 离心 5min,取 10µl 上样,应用免疫印迹检测相应蛋白。

【注意事项】

注意泛素蛋白与目的蛋白是共价结合,免疫沉淀实验中富集的潜在泛素化蛋白的分子量为目的蛋白分子量加上泛素蛋白分子量,如果是多聚泛素化,则呈现弥散样免疫印迹条带。

【实验材料】

1. 质粒:Ub 和靶基因的真核表达载体。

2. HEK293T 细胞、高糖 DMEM 完全培养基。

3. 裂解液:10mmol/L Tris-HCl(pH 8.0),150mmol/L NaCl,2% SDS,在使用时加入 1mmol/L PMSF,1mmol/L NaF 和 1mmol/L Na_3VO_4。

4. 稀释液:10mmol/L Tris-HCl(pH 8.0),150mmol/L NaCl,2mmol/L EDTA,1% TritonX-100。

5. 洗液:10mmol/L Tris-HCl(pH 8.0),1mol/L NaCl,1mmol/L EDTA,1% NP-40。

6. 免疫沉淀实验使用磁珠或琼脂糖同实验 4-2。

【思考题】

变性免疫沉淀与 Co-IP 的区别是什么?为何泛素化的实验需要使用变性免疫沉淀的方法?

实验 6-4　蛋白质泛素化检测——镍 NTA 亲和层析法

【实验目的】

理解镍柱亲和富集泛素化蛋白的原理。

【实验原理】

克隆靶蛋白于有标签的真核表达载体,标签包括 6×His、Flag 或 HA 等。将靶基因质粒和 His 标记的 Ub 质粒共转染 HEK293 细胞,采用变性免疫沉淀方法富集泛素化蛋白,然后通过免疫印迹进行检测。

【实验步骤】

1. 在 HEK293T 细胞中用磷酸钙法转染 Ub 及相应的表达质粒,24h 后收样。

2. 吸除培养基,PBS 漂洗细胞 1~2 次,用 PBS 清洗并吹下细胞,收集至 1.5ml EP 管中,4500r/min 离心 5min,再用适量 1×PBS 将细胞冲洗下来转移至 EP 管中,另加 500μl PBS 冲洗残留的细胞至同一 EP 管中。

3. 3000r/min 离心 5min,去上清液,再用 300μl 1×PBS 重悬细胞,混匀。

4. 取 30μl 细胞悬液做总蛋白检测,加入 10μl 4×SDS 结合缓冲液(loading buffer),100℃恒温加热器煮样 10min,剩余细胞悬液 3000r/min,离心 5min。

5. 去上清液,加入 1ml Buffer A 裂解细胞,吹匀,置静音摇床充分混匀。

6. 镍珠的平衡与分装:每个 EP 管样品约 16μl beads,用 Buffer A 漂洗 3~4 次进行平衡,取 1.5ml 离心管加入 1ml Buffer A,将平衡好的镍珠转移至离心管中。

7. 从静音摇床上取下 EP 管,将其中的裂解液转移到含有平衡好的镍珠的离心管中,再用 1ml Buffer A 将残留裂解液转移至离心管中;离心管置静音摇床,室温孵育 4~16h。

8. 水平转子瞬时离心至最高转速,反转 180°,再次瞬时离心至最高转速。

9. 弃上清液,用 500μl Buffer A 将离心管底镍珠转移至新 EP 管中,再用 500μl Buffer A 清洗残留镍珠并转移至同一 EP 管中,置静音摇床孵育 5min。

10. 瞬时离心至 7000~8000r/min,180° 反转,再次瞬时离心至 7000~8000r/min,去上清液,加入 750μl Buffer B,置静音摇床孵育 5min。

11. 瞬时离心至 7000~8000r/min,180° 反转,再次瞬时离心至 7000~8000r/min,去上清液,加入 750μl Buffer C-TritonX-100,置静音摇床孵育 5min。

12. 瞬时离心至 7000~8000r/min,180° 反转,再次瞬时离心至 7000~8000r/min,去上清液,加入 750μl Buffer C,置静音摇床孵育 5min。

13. 瞬时离心至 7000~8000r/min,180° 反转,再次瞬时离心至 7000~8000r/min,去上清液,再次瞬时离心至 7000~8000r/min,用 1ml 胰岛素针头吸除残留液体,尽量不要吸走镍珠。

14. 加入 30μl 洗脱缓冲液(elution buffer),将 EP 管置于振荡器上振荡洗脱 30min。

15. 瞬时离心,加入 5μl 4×SDS 结合缓冲液,100℃加热 15min,同步骤 3 中收集的总蛋白一起进行 SDS-PAGE,检测蛋白质泛素化。

【注意事项】

镍柱亲和富集泛素化蛋白是下拉泛素检测底物,可能比较弱的泛素化修饰较难检测到,需要有 E3 连接酶共同转染。

【实验材料】

1. HEK293T 细胞、高糖 DMEM 完全培养基。

2. 质粒：Ub 和靶基因的真核表达质粒，其中泛素化质粒需要有 6×His 标签。

3. Buffer A 500ml（抽滤）：286.59g 盐酸胍，246ml 0.2mol/L Na$_2$HPO$_4$/NaH$_2$PO$_4$（pH 8.0），13.038ml 溶液 A 和 232.962ml 溶液 B，2.5ml 1mol/L 咪唑，5ml 1mol/L Tris-HCl（pH 8.0），350μl 14.3mol/L β-巯基乙醇。

4. Buffer B 80ml：38.438g 尿素，40ml 0.2mol/L Na$_2$HPO$_4$/NaH$_2$PO$_4$（pH 8.0）。2.24ml 溶液 A 和 37.76ml 溶液 B，800μl 1mol/L Tris-HCl（pH 8.0），56μl β-巯基乙醇。

5. Buffer C 1000ml：480.475g 尿素，10ml 1mol/L Tris-HCl（pH 6.3），500ml 0.2mol/L Na$_2$HPO$_4$/NaH$_2$PO$_4$（pH 8.0），387.5ml 溶液 A 和 112.5ml 溶液 B，700μl β-巯基乙醇。

6. 洗脱缓冲液 80ml：1089.6mg 咪唑，4g SDS，24ml 甘油，12ml 1mol/L Tris-HCl（pH 6.3），4.03ml β-巯基乙醇，39.97ml 水。

7. IP 试验使用仪器同实验 4-2。

8. 溶液 A：0.2mol/L NaH$_2$PO$_4$；溶液 B：0.2mol/L Na$_2$HPO$_4$。

【思考题】

分析变性免疫沉淀和镍 NTA 亲和层析法检测蛋白泛素化的优缺点。

实验 6-5　蛋白质泛素化检测——体内 TUBEs 法

【实验目的】

理解体内 TUBEs 检测蛋白泛素化的原理。

【实验原理】

基于天然泛素受体的泛素结合域（ubiquitin binding domain，UBD）可与泛素或多聚泛素链相互作用。UBD 和基于此发展起来的串联泛素结合实体（tandem ubiquitin binding entities，TUBEs）已成为蛋白质泛素化功能研究的重要工具。UBD 一般由 20～150 个氨基酸组成，与泛素或多聚泛素链存在特异性相互作用，并且不同的 UBD 对于不同类型的泛素化链，有不同的亲和性。此外，TUBEs 对多聚泛素化蛋白质具有保护作用，允许以相对低的丰度进行检测。这些特性有助于有效地"捕获"多泛素化状态的蛋白质。TUBEs 常用于从细胞系、组织、器官中 pull-down 多聚泛素化蛋白质，多聚泛素化蛋白质深度富集纯化与分离（蛋白质组研究）。目前已有商业化的磁珠提供检测。目前已开发 K63、K48 和 M1（线性）泛素化的 TUBEs，而 K6、K11、K29、K27 和 K33 多聚泛素化的 TUBEs 还没有相对成熟的发展。

TUBEs 具有以下优点：①多聚泛素化蛋白质的一步回收可从 TUBEs 中有效分离多聚泛素化蛋白质；②比单个 UBA 结构域的亲和力高 1000 倍；③可避免过度表达亲和标签的泛素被拉下来，减少非特异性；④保护多聚泛素蛋白链，不含对蛋白酶体或去泛素化酶活性特异的抑制剂；⑤适用于哺乳动物与酵母样品（理论上可用于植物或其他物种)。本实验以 LifeSensors TUBEs 磁珠为例进行讲述。

【实验步骤】

1. 使用 TUBEs 试剂盒检测蛋白泛素化

(1)将细胞裂解缓冲液预冷至 4℃。

(2)在冰上将 TUBEs 加入 500μl 裂解缓冲液中,最终浓度为 100~200μg/ml。

(3)PBS 清洗 HEK293T 细胞后,将 500μl 的裂解缓冲液(含 TUBEs)加到大约 1.5×10^6 个细胞的 10cm 组织培养皿中(细胞数量需要依据蛋白本底泛素化水平调整)。

(4)通过刮擦收集细胞,并将裂解液转移到预冷的 1.5ml 离心管中。

(5)冰浴 15min,4℃,14 000g,离心 10min,收集上清液。

(6)使用谷胱甘肽亲和树脂或固定化金属亲和树脂(IMAC)捕获管。

(7)使用抗泛素抗体进行蛋白印迹。

2. 多聚泛素化蛋白质的纯化

(1)将细胞裂解缓冲液预冷至 4℃。

(2)适当处理和清洗细胞,并将(1)的裂解缓冲液添加到包含大约 1.5×10^6 个细胞的 10cm 组织培养皿中。

(3)通过刮擦收集细胞,并将裂解液转移到预冷的 1.5ml 离心管中。

(4)14 000g,离心 10min。

(5)将平衡的琼脂糖(10~20μl)添加到裂解液中。

(6)4℃孵育 4h。

(7)4℃,14 000g,离心 10min,收集上清液。

(8)去除上清液,用 TBST 清洗琼脂糖。

(9)在摇摆平台上 4℃用 0.2mol/L Gly-HCl(pH 2.5)处理树脂至少 1h。

(10)13 000g,离心 5min,回收上清液。

【注意事项】

由于是非变性方法收集蛋白质泛素化,其泛素化状态很可能受到水解酶的调控,因此收集泛素化裂解液需要快速、冰浴。

【实验材料】

1. HEK293T 细胞、高糖 DMEM 完全培养基。

2. LifeSensors 公司 TUBEs 磁珠:货号 UM402。

【思考题】

如何在细胞内研究蛋白质动态泛素化的过程?

实验 6-6 蛋白质泛素化检测——体外检测法

【实验目的】

理解体外检测泛素化蛋白质的原理。

【实验原理】

体外泛素化是在体外将 E1 激活酶、E2 结合酶和 E3 连接酶，泛素小分子，以及底物蛋白和 ATP 混合，利用酶催化反应将泛素连接到底物上。可以用蛋白印迹检测泛素化发生的程度，明确特定的 E3 连接酶对底物蛋白的作用。

将要研究的目的基因转染 HEK293 细胞，使其大量表达，提取并分离目的蛋白或者利用体外翻译或大肠埃希菌表达纯化系统获得目的蛋白。在体外反应体系中加入底物蛋白，泛素化需要的 E1、E2 和 E3 共同进行孵育，将孵育后的产物进行免疫沉淀和蛋白质印迹法分析。

【实验步骤】

1. 准备体外泛素化反应体系：

E1 激活酶（20～50ng）终量	0.4μl
E2 结合酶（100～200ng）终量	0.8μl
泛素（10μg）终量	1.5μl
ATP（100mmol/L）终量	0.4μl
底物蛋白终量	500ng
E3 连接酶终量	200～500ng
10×泛素化缓冲液 [500mmol/L Tris•Cl(pH7.5),500mmol/L NaCl,40mmol/L MgCl₂,1mmol/L DTT]	2μl
ddH₂O 至	10μl

2. 30℃水浴孵育 0.5～2h（依据活性而定）。

3. 取出后加 6μl 4× 结合缓冲液终止反应，100℃加热 5min，蛋白印迹检测。

【注意事项】

该方法用于验证特定蛋白是特定 E3 连接酶的泛素化底物。

【实验材料】

1. 纯化好的 E1、E2、E3，Ub 底物蛋白。

2. 10× 泛素化缓冲液（10×ubiquitinylation buffer）：500 mmol/L Tris · Cl（pH7.5），500mmol/L NaCl，40mmol/L MgCl₂，1mmol/L DTT。

【思考题】

比较体外蛋白质泛素化和体内泛素化检测方法的不同。

（陈云飞　王　平）

第七章 基本生物信息在线工具的使用

概 述

随着基因芯片及高通量测序等技术的兴起，基因表达总览（Gene Expression Omnibus，GEO）和 ArrayExpress 等多种基因表达数据库应运而生。通过使用在线分析工具对其中各种疾病相关数据集进行分析和挖掘，我们可以得到隐藏在背后的分子生物学调控机制，并为疾病预防和治疗提供新的研究靶点。本章将讲述基本的生物信息分析内容，并对一些常用的生物信息学数据库进行介绍。

一、GEO 数据库

Gene Expression Omnibus（GEO；http://www.ncbi.nlm.nih.gov/geo/）由美国国家生物技术信息中心（NCBI）建立和维护，用于存放生命科学各领域研究人员上传的高通量微阵列和下一代序列功能基因组数据集。该数据库支持原始数据、经过处理的数据和元数据的存档，并提供了索引和搜索功能，可以各种格式免费进行下载。除此之外，GEO 还提供了识别、分析和可视化特定数据集的功能，支持复杂样本的比较和基因表达图的在线导出。

二、差异基因分析

通过对基因芯片或测序数据的分析，可以筛选出在病理条件下表达量发生差异的基因，为研究人员提供潜在的治疗靶点。随着技术的发展，多种差异表达分析工具已被开发出来，其中 DESeq、EdgeR、Limma 和 Cuffdiff 四种方法较为常用，但在数据的归一化方法、敏感性和特异性方面各有不同之处。Limma 最早为微阵列差异分析而开发，通过使用整个表达谱对基因表达方差进行更稳定的估计，解决了全转录组研究中典型的低样本量问题，输出的假阳性预测较少，结果更为准确，是一种较为流行的差异分析方法。而 EdgeR 和 DESeq2 都是为分析 RNA-Seq 数据而开发，较少应用于微阵列数据。

三、富集分析

基因功能富集分析又称功能聚类分析，主要借助于各种生物学信息数据库和分析工具进行统计分析，挖掘在基因知识库中与分子谱数据具有显著相关的功能类别，阐明病理状态和基因表达量变化的内在生物学意义。常见的基因本体（gene ontology，GO）聚类分析包括分子功能分析 GO-MF（molecular function）、细胞定位分析 GO-CC（cellular component）、生物学过程分析 GO-BP（biological process）及通路分析 KEGG[1]等，对疾病的机制研究、诊断治疗和预后评估提供了重要的参考价值。

---

[1] KEGG 为京都基因与基因组百科全书。

四、蛋白质相互作用网络

在正常的生理生化过程中，蛋白质很少独立发挥作用，而是通过相互作用形成大分子复合物从而完成其生物学功能，如基因表达调控、细胞信号转导、细胞增殖和凋亡等。对蛋白质相互作用的研究不仅能从系统角度理解各种生物学过程，揭示疾病的发生机制，还可以通过统计计算帮助科研人员寻找新的治疗靶点。因此，蛋白质相互作用的研究也逐渐成为后基因组时代最重要的研究领域之一。而近年来，随着酵母双杂交、质谱亲和纯化、蛋白质芯片等高通量生物实验方法的发展，了解蛋白质-蛋白质相互作用（PPI）的可用数据日益丰富，并促成了越来越多的蛋白质相互作用网络的形成（图7-1）。

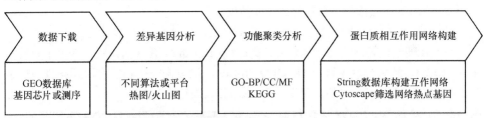

图 7-1 基于转录组数据的基本生物信息学分析

【参考文献】

冀俊忠, 刘志军, 刘红欣, 等. 2014. 蛋白质相互作用网络功能模块检测的研究综述. 自动化学报, 40(4): 577-593.

刘明, 王米渠, 丁维俊, 等. 2010. 表达谱芯片数据的基因功能富集分析. 生物医学工程学杂志, (5): 1166-1168.

Barrett T, Wilhite SE, Ledoux P, et al. 2013. NCBI GEO: archive for functional genomics data sets—update. Nucleic Acids Res, 41: D991-995.

Zhou GO, Soufan J, Ewald RE, et al. 2019. NetworkAnalyst 3.0: a visual analytics platform for comprehensive gene expression profiling and meta-analysis. Nucleic Acids Res, 47(W1): W234-W241.

实验 7-1 GEO 数据下载及差异基因分析

【实验目的】

1. 了解基因芯片及 RNA 测序的原理。
2. 熟悉 GEO 数据库的页面内容，掌握 GEO 数据库的检索及分析功能。
3. 熟悉差异基因分析的结果及各类展示图。

【实验原理】

基因转录水平的研究是研究功能基因及其编码蛋白质结构的前提和基础。基因芯片技术可用于对已知基因的转录本进行高效快速的检测分析，其原理为将大量探针分子固定于支持物上后与标记的样本分子进行杂交，通过检测每个探针分子的杂交信号强度进而获取样本分子的数量和序列信息。基因检测技术成本较低，性价比高，检测快速，但同时有一定的使用限制，如只能对已知序列和已知物种进行检测、分辨率不高等。

随着后基因组时代的到来，转录组测序技术蓬勃发展，现已研发至第三代。RNA 测序（RNA-Seq），又称为基因转录组测序，属于第二代测序技术在生命科学领域的应用。该技术能够在单核苷酸水平对任意物种的整体基因转录本进行检测，并通过测序结果分析出转录本的表达差异水平；同时还能对未知转录本和稀有转录本进行研究，且具有更高的特异性和灵敏度。但由于需要经过 PCR 扩增，其结果和真实的表达丰度有一定偏差，需要结合多组学数据进行分析。

【实验步骤】

1. 使用 GEO 数据库下载芯片或测序数据

（1）登录 GEO 数据库官网（https://www.ncbi.nlm.nih.gov/geo）。

（2）在搜索栏输入关键词［以 diabetic nephropathy（糖尿病肾病）为例］进行检索（图 7-2），结果分为两种类型：GEO Profiles（检索同一个基因在不同条件下的表达量）和 GEO DataSets（检索某个疾病/通路相关表达谱）。

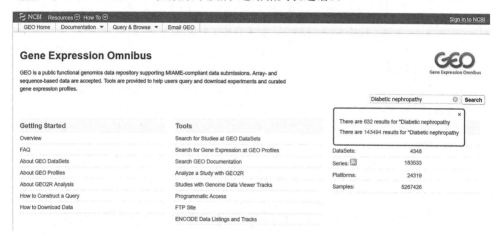

图 7-2　GEO 数据库检索首页示例

（3）进入 GEO DataSets 搜索结果，在结果页面可通过左侧筛选栏进行筛选（图 7-3）。数据集简介中，GSE 为数据集代码，GPL 为测序或芯片平台代码，GSM 为样本代码。

（4）点击进入目标数据集（以 GSE7253 为例，图 7-4），数据集主页中介绍了数据集标题、实验物种、实验类型（芯片或测序）、数据发表文献等内容。点击页面下方"Download family"——"Series Matrix File(s)"可以下载处理后的芯片结果和样本信息，点击"Platforms"—"View full table"可以下载基因注释列表，点击"Supplementary file"可以下载"RNA-seq"的原始 Count 数据。

图 7-3　GEO 数据库检索结果页面示例

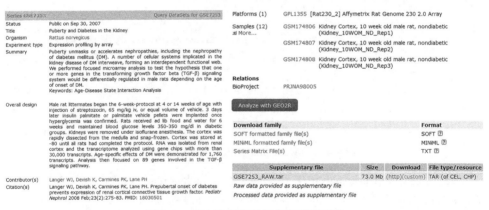

图 7-4　GEO 数据集详细信息页面示例

2. 使用 GEO2R 进行差异基因分析

（1）以 GSE7253 为例，在该数据集主页点击"Analyze with GEO2R"，点击"Define groups"进行样本分组（键入后回车），点击选择对照组样品后再选择"NC"，即可分为 NC 组；实验组同理（图 7-5）。

（2）点击"Analyze"进行分析，分析完成后，点击基因 ID 可以查看该基因的分组表达柱形图。分析结果可以进行下载，并通过调整差异倍数 LogFC 或 P-Value 自行筛选。结果页面信息如下：

ID：基因的探针名称（参考检测平台的基因注释文件）。

P-Value：P 值。

t：t 值（t 检验的统计量值）。

图 7-5　GEO2R 差异基因分析分组示例

Adj. p.val：调整后的 P 值（$P<0.05$ 则认为表达有统计学差异）。

LogFC：倍比变化的以 2 为底的对数值，负数表示低表达，正数表示高表达。

火山图：各基因表达分布图。

UMAP 点图：各样本之间宏观水平上的基因表达差异。

箱型图：各样本基因表达值分布，大致位于一个区间内为佳。

3. 使用 NetworkAnalyst 进行差异基因分析

（1）以 GSE7253 为例，从 GEO 等数据库下载得到 Series Matrix File(s) 结果文件，使用 Excel 进行格式化（图 7-6），并存为 txt 格式。

	A	B	C	D	E	F	G	H	I	J	K	L	M
1	#NAME	Sample1	Sample2	Sample3	Sample4	Sample5	Sample6	Sample7	Sample8	Sample9	Sample10	Sample11	Sample12
2	#CLASS:DN	control	control	control	case	case	case	control	control	control	case	case	case
3	Gene1	4536.89	4568.89	4612.34	4262.49	4302.56	4354.31	4176.71	4504.25	4476.65	4300.16	3928.05	4223.08
4	Gene2	3034.52	3084.69	3102.79	2830.99	2669.92	2897.75	3133.74	3097.21	3023.36	2991.69	2982.56	2717.86
5	Gene3	3487.17	3579.35	3508.85	3409.04	3610.18	3028.96	3202.94	3542.43	3446.35	3550.18	3236.31	2993.13
6	Gene4	5876.97	6603.97	7013.4	7606.06	7732.92	6413.46	6437.64	6773.19	6709.69	7747.98	6750.83	6943.52
7	Gene5	7383.41	6440.37	6456.47	7574.18	7534.18	7107.13	5904.34	6853.32	7069.24	6335.78	6646.31	5815.74
8	Gene6	2520.99	2021.35	2300.19	2415.36	2443.36	2183.99	2891.7	2259.46	2288.73	2348	1961.76	2106.74
9	Gene7	441.502	308.007	444.803	456.115	395.838	441.056	421.379	435.428	407.711	420.15	526.991	460.51
10	Gene8	10904.9	11995.9	11718.1	12292.6	12403.6	12176.1	11599.2	12512	12188.1	11237.6	11767.3	11069

图 7-6　NetworkAnalyst 上传文件格式化示例

（2）进入 NetworkAnalyst 主页（https://www.networkanalyst.ca/）并点击"Gene Expression Table"。

（3）选择物种、数据类型、ID 类型、基因水平总结方法，并上传 txt 结果文件，点击右侧"Submit"，检查无误后点击下方"Proceed"（图 7-7）。

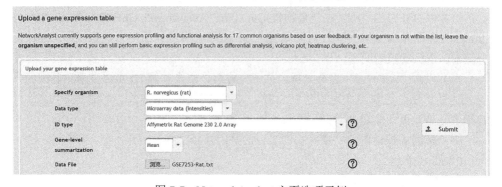

图 7-7　NetworkAnalyst 主页选项示例

（4）查看质检结果和数据分布箱型图（图7-8），检查无误后点击"Proceed"。

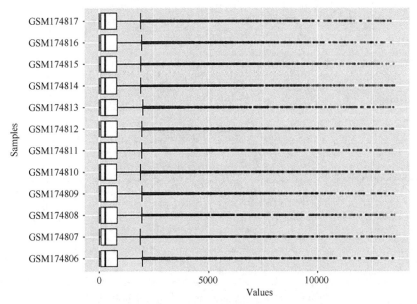

图 7-8　NetworkAnalyst 数据分布箱型图示例

（5）根据需要进行数据的过滤和归一化（常用"Log2 Transformation"；若已归一化则选"None"），使之整齐地分布在低于 20 的同一个区间内（图7-9），点击"Submit"，检查无误后点击"Proceed"进入下一步。

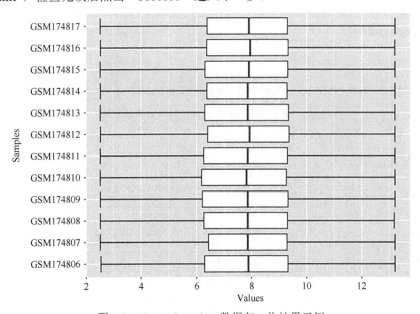

图 7-9　NetworkAnalyst 数据归一化结果示例

（6）选择合适的统计方法和设计方案（图7-10），进行差异基因分析，点击

"Submit"—"Proceed"进入分析结果页面。

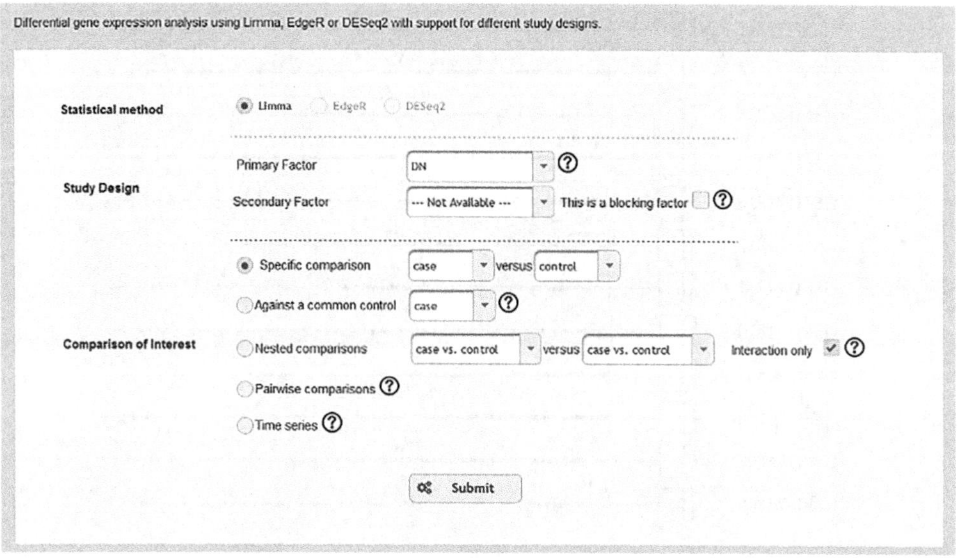

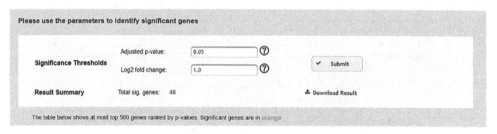

图 7-10　NetworkAnalyst 数据分析方案选择示例

（7）根据 LogFC 和 P-Value 设置合适的阈值（图 7-11），对分析结果进行筛选，点击"Submit"即可得到结果，点击"Download Result"进行下载（图 7-12）。

图 7-11　NetworkAnalyst 差异分析筛选阈值设定示例

	A	B	C	D	E	F	G	H	I	J	K	L	M	N
1	EntrezID	logFC	AveExpr	t	P.Value	adj.P.Val	B	Symbols	Name					
2	29725	3.3543	8.2921	11.588	9.11E-08	0.001029	7.7459	Baat	bile acid CoA:amino acid N-acyltransferase					
3	293688	1.1469	9.4366	8.7332	1.81E-06	0.006814	5.3031	Tm7sf2	transmembrane 7 superfamily member 2					
4	24546	1.3063	8.5485	8.0248	4.27E-06	0.007444	4.553	Slco2a1	"solute carrier organic anion transporter family, member 2a1"					
5	305236	1.3468	9.888	7.9559	4.66E-06	0.007444	4.4765	Cxcl11	C-X-C motif chemokine ligand 11					
6	81508	1.5004	8.3611	7.6442	6.93E-06	0.007444	4.1223	Bhmt	betaine-homocysteine S-methyltransferase					
7	288153	-1.1957	7.9628	-7.5427	7.91E-06	0.007444	4.0039	Hoxd4	homeo box D4					
8	316620	-1.1936	9.0479	-7.4114	9.40E-06	0.007625	3.8486	Mlph	melanophilin					
9	286921	1.2549	7.9035	7.3836	9.75E-06	0.007625	3.8154	Akr1b8	"aldo-keto reductase family 1, member B8"					
10	338475	-1.9721	11.804	-7.3157	1.07E-05	0.007625	3.7338	Nrep	neuronal regeneration related protein					
11	362657	-1.8131	9.2767	-6.8761	1.94E-05	0.009662	3.1891	Mthfr	methylenetetrahydrofolate reductase					
12	83685	-1.9038	5.6154	-6.8357	2.05E-05	0.009662	3.1376	Capn6	calpain 6					
13	315705	-1.1103	9.502	-6.7491	2.32E-05	0.010471	3.0263	Rpp25	ribonuclease P and MRP subunit p25					
14	171460	-1.4441	9.3997	-6.6652	2.61E-05	0.010943	2.9174	Hspbap1	HSPB1 associated protein 1					

图 7-12　NetworkAnalyst 分析结果示例

（8）本次筛选得到 46 个差异基因，下方可见结果预览页面（图 7-13），点击右侧图标"🖼"可见所选基因的表达模式箱型图。

ID	logFC	AveExpr	t	P.Value	adj.P.Val	B	View
Baat	3.3543	8.2921	11.588	9.1107E-8	0.001029	7.7459	
Tm7sf2	1.1469	9.4366	8.7332	1.81E-6	0.0068142	5.3031	
Slco2a1	1.3063	8.5480	8.0248	4.2717E-6	0.007444	4.553	
Cyp11	1.3468	9.888	7.9359	4.6572E-6	0.007444	4.4768	
Bhmt	1.5004	8.3611	7.6442	6.9312E-6	0.007444	4.1223	
Hoxc4	-1.1957	7.9628	-7.5427	7.9093E-6	0.007444	4.0079	
Mlph	-1.1936	9.0479	-7.4114	9.3987E-6	0.0076251	3.8486	
Akr1b8	1.2549	7.9035	7.3836	9.7512E-6	0.0076251	3.8154	
Nrep	1.9721	11.804	-7.3157	1.0672E-5	0.0076251	3.7338	
Mthfr	-1.8131	9.2767	-6.8761	1.9411E-5	0.009662	3.1891	

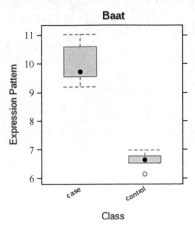

图 7-13　NetworkAnalyst 差异基因预览和表达模式图示例

（9）在差异基因结果页面，点击"Proceed"可以对差异基因分析结果进行各种可视化分析，如构建蛋白质相互作用网络、疾病特异性基因网络等，还可通过"Other Tools"选项绘制热图及火山图（图 7-14）。

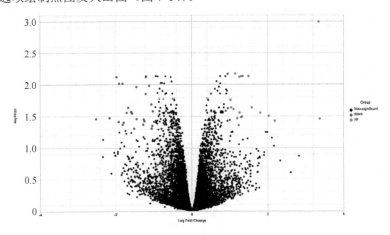

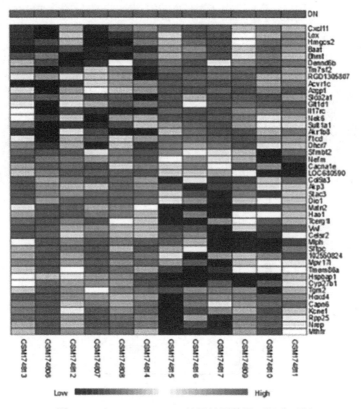

图 7-14　NetworkAnalyst 差异基因数据可视化示例

【注意事项】

1. GEO2R 分析时注意对照组和实验组的选择，并通过基因分组表达柱形图对上下调结果及 LogFC 的正负值进行确认。

2. 不同平台的基因 ID 注释方法不同，GEO 数据集或 NetworkAnalyst 上传页面没有相关信息时，可登录平台主页进行下载，并自行为探针进行注释。

3. 测序结果的分析过程与芯片类似，但上传的数据类型为 Counts 文件，多个转录本比对时选择"Sum"进行分析。

4. 为确保后续富集分析及网络构建过程顺利进行，筛选得到的差异基因数目最好在 1000 个以内。

【思考题】

使用 GEO 数据库检索研究方向相关的数据集，选择合适的方法进行差异基因分析和可视化。

（刘彩莹　杨　红）

实验 7-2　利用在线工具对差异基因进行聚类分析

【实验目的】

学习使用在线工具 DAVID 和 Enrichr 进行多基因聚类分析。

【实验原理】

常见的面向基因的基因本体（gene ontology，GO）聚类分析包括分子功能分析 GO-MF、细胞定位分析 GO-CC、生物学过程分析 GO-BP 及通路分析 KEGG 等，它们都可以用于解读差异基因的生物学功能，从侧面反映疾病背后的生物学变化，是生物信息学分析的重要工具。

【实验步骤】

1. 使用 DAVID 进行 GO/KEGG 富集分析

（1）进入 DAVID 主页（https://david.ncifcrf.gov/）。

（2）选择"DAVID Tools"——"Functional Annotation Tool"。

（3）Upload 栏中输入差异基因列表（<3000 个），选择 ID 类型，点击"Gene list"后点击上传。

（4）网页自动刷新后选择物种，"list"选择默认，点击"Use"。

（5）网页自动刷新后在右侧选择分析项目，点击"Functional Annotation Chart"，弹出分析结果窗口（图 7-15）；点击"Download File"可下载结果，将结果复制粘贴在文本文档中并使用 Excel 打开即可。

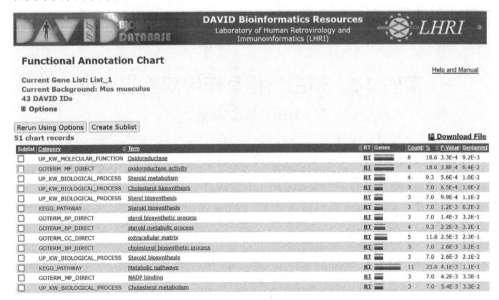

图 7-15　DAVID 富集分析结果页面示例

2. 使用 Enrichr 进行 GO/KEGG 富集分析

（1）进入 Enrichr 主页（http://amp.pharm.mssm.edu/Enrichr/）。

（2）选择文件上传或直接粘贴基因列表，选择物种和基因组版本。

（3）点击"Submit"进行分析（图 7-16），点击单项结果的"Table"按钮进行下载。

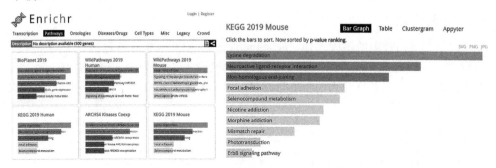

图 7-16　Enrichr 富集分析结果页面示例

【思考题】

对实验 7-1 得到的差异基因进行富集分析，并使用表格或柱形图展示。

【参考文献】

Chen EY, Tan CM, Kou Y, et al. 2013. Enrichr: interactive and collaborative HTML5 gene list enrichment analysis tool. BMC Bioinformatics, 14: 128.

Kuleshov MV, Jones MR, Rouillard AD, et al. 2016. Enrichr: a comprehensive gene set enrichment analysis web server 2016 update. Nucleic Acids Res, 44(W1): W90-97.

Lempicki R A. 2012. DAVID-WS: a stateful web service to facilitate gene/protein list analysis. Bioinformatics, 28(13): 1805-1806.

实验 7-3　蛋白质相互作用网络的构建和 hub 基因筛选

【实验目的】

1. 掌握使用 STRING 在线数据库构建蛋白质相互作用网络。

2. 掌握使用 Cytoscape 软件筛选网络中的 hub 基因。

【实验原理】

通过 STRING 数据库可以构建不同蛋白之间的表达调控网络，其中与多种蛋白连接紧密，发挥关键作用的基因为关键基因 hub 基因。通过 Cytoscape 软件可以对蛋白质网络中的 hub 基因进行筛选。

【实验步骤】

1. 使用 STRING 构建蛋白互作网络

（1）进入 STRING 主页（https://string-db.org/），点击"Search"。

（2）左侧栏选择"Multiple proteins"，在右侧输入基因列表（以实验 7-1 中得到的 46 个差异基因为例，见图 7-17），选择物种，点击"SEARCH"。

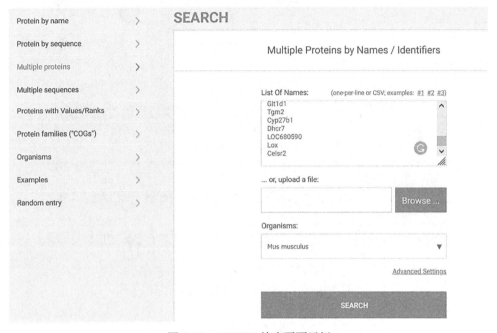

图 7-17　STRING 检索页面示例

（3）确认基因名称，点击"Continue"，得到网络构建结果（图 7-18）；点击两节点之间的连接线，即可查看所选基因互作关系的验证方式和参考文献（连接线越多越可信）。

（4）点击"Settings"可以对网络进行编辑，点击"Exports"可以下载网络图片或互作文件（图 7-19）。

2. 使用 Cytoscape 筛选网络中的 hub 基因

（1）进入官网下载软件（www.cytoscapc.org）并进行安装。

（2）使用 STRING 下载蛋白互作文件（"TSV: tab separated values-can be opened in Excel"）。

（3）打开 cytoscape，点击"File"—"Import"—"Network from file"进行上传，点击"OK"即可得到网络图（图 7-20）。

（4）安装 cytoHubba 插件：点击"Apps"—"App Manager"，搜索该插件并选中，点击"Install"进行安装。

（5）在 cytoHubba 插件中选择需要计算的网络图（图 7-21），点击"Calculate"—"Export"，即可导出所有算法得分结果（共 12 种算法）。

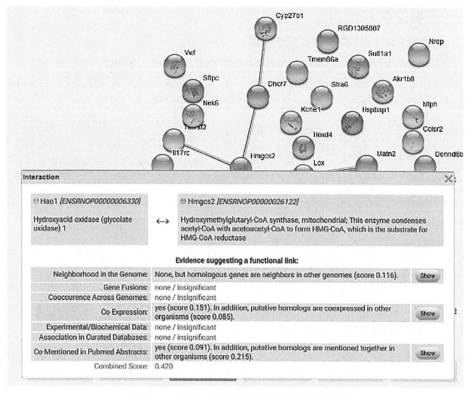

图 7-18　STRING 网络构建结果页面示例

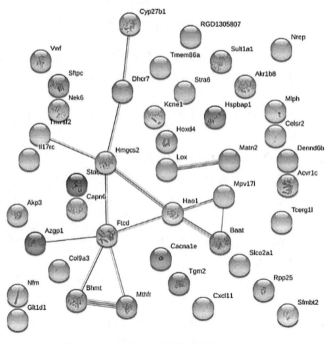

图 7-19　STRING 网络构建图片下载示例

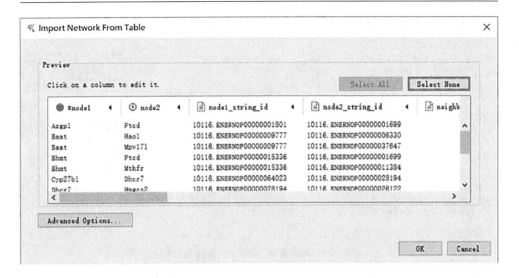

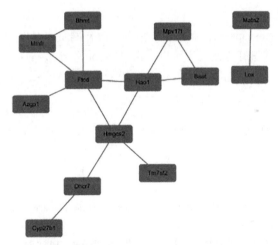

图 7-20　Cytoscape 网络图上传示例

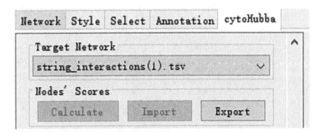

图 7-21　cytoHubba 插件计算页面示例

（6）选择算法及 Top 基因数，"Display options"各项全选，点击"Submit"即可得到 hub 基因及相关信息，点击右侧"Save"选项即可下载（图 7-22）。

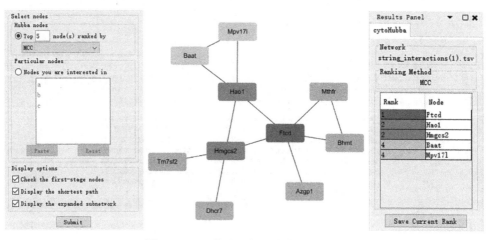

图 7-22   hub 基因及相关信息结果示例

【注意事项】

1. 对于使用 Cytoscape 软件展示出的蛋白质互作网络，可以点击 "Style" 选项对节点风格或其他格式进行修改，也可以点击 "Layout" 修改布局方式。

2. 筛选得到的 hub 基因数目一般取差异基因总数的 5%～20%。

【思考题】

使用实验 7-1 得到的差异基因构建蛋白质相互作用网络，并按照合适的阈值筛选 Hub Gene。

【参考文献】

Shannon P, Markiel A, Ozier O, et al. 2003. Cytoscape: a software environment for integrated models of biomolecular interaction networks. Genome Res, 13(11): 2498-2504.

Szklarczyk D, Gable AL, Lyon D, et al. 2019. STRING v11: protein-protein association networks with increased coverage, supporting functional discovery in genome-wide experimental datasets. Nucleic Acids Res, 47(D1): D607-D613.

（刘彩莹　吕立夏）